手機應用
程式設計
超簡單

App 2
Inventor

中文介面

初學特訓班 第四版

ABOUT eHappy STUDIO

關於文淵閣工作室

常常聽到很多讀者跟我們說：我就是看您們的書學會用電腦的。是的！這就是我們寫書的出發點和原動力，想讓每個讀者都能看我們的書跟上軟體的腳步，讓軟體不只是軟體，而是提昇個人效率的工具。

文淵閣工作室是一個致力於資訊圖書創作二十餘載的工作團隊，擅長用循序漸進、圖文並茂的寫法，介紹難懂的 IT 技術，並以範例帶領讀者學習程式開發的大小事。我們不賣弄深奧的專有名辭，奮力堅持吸收新知的態度，誠懇地與讀者分享在學習路上的點點滴滴，讓軟體成為每個人改善生活應用、提昇工作效率的工具。舉凡應用軟體、網頁互動、雲端運算、程式語法、App 開發，都是我們專注的重點，衷心期待能盡我們的心力，幫助每一位讀者燃燒心中的小宇宙，用學習的成果在自己的領域裡發光發熱！我們期待自己能在每一本創作中注入快快樂樂的心情來分享，也期待讀者能在這樣的氛圍下快快樂樂的學習。

文淵閣工作室讀者服務資訊

如果您在閱讀本書時有任何的問題或是許多的心得要與所有人一起討論共享，歡迎光臨文淵閣工作室網站，或者使用電子郵件與我們聯絡。

文淵閣工作室網站 **http://www.e-happy.com.tw**

客服信箱 **e-happy@e-happy.com.tw**

文淵閣工作室粉絲專頁 **http://www.facebook.com/ehappytw**

程式特訓班粉絲專頁 **http://www.facebook.com/eHappyTT**

總 監 製 / 鄧文淵	責任編輯 / 邱文諒‧鄭挺穗‧黃信溢
監 督 / 李淑玲	執行編輯 / 邱文諒‧鄭挺穗‧黃信溢
行銷企劃 / David‧Cynthia	企劃編輯 / 黃信溢

前言

智慧型手機的出現，為世界帶來翻轉性的革命！網路幾乎要取代了傳統的報紙、雜誌、廣播、電視等媒體，所有的資訊幾乎都可以手機、平板電腦、智慧型電視、觸控螢幕等智慧型裝置取得，而且所有的訊息都是即時並且可以進行互動。而 APP 的出現正是這個革命的重要一環，不僅能呈現創意，結合豐富的內容，整合跨界的資源，並在網路加乘的影響下，改變了所有人的生活。

APP Inventor 2 的出現為手機應用程式的開發帶來了不同的思維，因為視覺化的操作介面加上拼塊式的程式語言，能夠輕易建構出應用程式的介面與功能。透過模組化的元件，開發者能輕易控制手機上特有的資源，進一步製作出更具創意的 APP。

我們在書籍規劃時將「APP Inventor 2 初學特訓班」的內容分成了二大部分：第 1~5 章的內容著重於 APP Inventor 2 的開發環境建置及介面元件操作的學習，引導初學者由淺入深地學會建置一個 App 的方式與流程；第 6~15 章則以 10 個完整而實用的 APP 專案範例來呈現，其中包含了許多不同面向的應用程式。例如遊戲、繪圖、動畫、通訊、網路資源、資料庫整合、語音辨識等，都是經過作者團隊彼此腦力激盪、精挑細選的結果。

專案在進行時都適度加入應用程式與硬體之間的整合，例如相機鏡頭、電話簡訊、感測器、GPS 等內容，充分展現行動裝置的特性，強化 APP 專案的功能。

在這次的改版中，我們針對於前幾版讀者的回饋在內容上進行了不少的修正，在編排上更能凸顯學習的重點，降低操作的障礙，並且加入許多程式更新的功能，更換不同有趣的專案，希望讓讀者對於 APP Inventor 有更全面的學習感受。

跟我們一起學習有趣而實用的 APP 開發吧！

文淵閣工作室

SUPPORTING MEASURE

學習資源說明

為了確保您使用本書學習的完整效果，並能快速練習或觀看範例效果，本書在範例檔案中提供了許多相關的學習配套供讀者練習與參考，請讀者線上下載。

1. **本書範例**：將各章範例的完成檔依章節名稱放置各資料夾中。

2. **教學影片**：特別錄製「綜合演練影音教學」影片，請進入資料夾後開啟 <start.htm> 進行瀏覽，再依連結開啟單元進行學習。

3. **Google Play 上架全攻略 PDF、APP Inventor 2 單機版與伺服器架設說明 PDF、認識新地圖元件 PDF**：將相關資料與說明整理成 PDF 文件檔，讀者可依照需求進行參考。

學習資源下載

相關檔案可以在碁峰資訊網站免費下載，網址為：

http://books.gotop.com.tw/download/ACL066300

專屬網站資源

為了加強讀者服務，並持續更新書上相關的資訊的內容，我們特地提供了本系列叢書的相關網站資源，您可以由我們的文章列表中取得書本中的勘誤、更新或相關資訊消息，更歡迎您加入我們的粉絲團，讓所有資訊一次到位不漏接。

藏經閣專欄　http://blog.e-happy.com.tw/?tag= 程式特訓班

程式特訓班粉絲團　https://www.facebook.com/eHappyTT

注意事項

學習資源的內容是提供給讀者自我練習以及學校補教機構於教學時練習之用，版權分屬於文淵閣工作室與提供原始程式檔案的各公司所有，請勿做其他用途。

CONTENTS

本書目錄

Chapter

02

基本元件與運算

基本元件除了能控管應用程式與使用者互動，並且經過精心安排介面元件，就能設計出賞心悅目的使用者介面。

程式拼塊與流程控制

判斷式能讓執行程式依情況不同而執行不同程式碼；迴圈能處理程式
中重複的工作；陣列，能解決儲存大量同類型資料的問題。

自訂程序及內建程序

自訂程序及內建程序能將具有特定功能或經常使用的程式拼塊，撰寫
成獨立的小單元。

Chapter

05

繪圖與動畫

圖像精靈及球型精靈是 APP Inventor 2 為動畫和遊戲所量身打造的元件，使用時必須配合畫布元件。

Chapter

06

APP專案：電子羅盤

「電子羅盤」即是善用方向感測器元件的功能來製作一個真實可用的電子羅盤。

Chapter

07

APP專案：手機搖搖樂

「手機搖搖樂」是利用手機搖動時觸發加速度感測器的晃動事件，進行計次的動作。

Chapter

08

APP專案：QR Code 二維條碼

「QR Code 二維條碼」已經普及到日常生活中，在 APP Inventor 2 的專案中可以很輕鬆加入或是讀取 QR Code 的功能。

Chapter

09

APP專案：哈囉！熊讚

「哈囉！熊讚」是利用網路瀏覽器及 Activity 啟動器元件將網頁資料顯示於瀏覽器中，相關的基本資料、相片、影片及導航一應俱全。

Chapter

10

APP專案：心情塗鴉

「心情塗鴉」可以在拍攝的相片上進行塗鴉，或是加上心情圖示，是相當有趣實用的範例。

Chapter

11

APP 專案：英文語音測驗

「英文語音測驗」專案使用語音辨識元件及文字語音轉換器元件，設計選擇題式英文聽力測驗。

Chapter

12

APP專案：點餐系統

「點餐系統」專案利用下拉式清單元件及清單顯示器元件佈置點餐畫面，使用者可以選擇想要的餐點及數量，程式能自動計算最後的價格。

Chapter

13

APP 專案：打磚塊

「打磚塊」是利用基本的碰撞原理製作，若熟悉遊戲運作原理，要製作較複雜的打磚塊關卡也非難事。

Chapter

14

APP專案：滾球遊戲

「滾球遊戲」專案結合了加速度感測器的加速度變化事件來控制球的滾動，增添遊戲的精彩度。

APP專案：打雪怪遊戲

「打雪怪遊戲」利用按鈕元件佈置遊戲角色，並且利用清單的觀念管理所有角色物件，讓複雜的遊戲瞬間簡單了。

用拼塊拼出你的 App

APP Inventor 2 使用拼塊的方式進行程式的開發，搭配好用的各式元件，即使完全未接觸過程式設計者也能開發功能強大的 Android 應用程式。

APP Inventor 2 為 Android 應用程式開發者提供了使用瀏覽器的整合開發環境，不僅所有需要的軟體是完全免費，使用者只要具有網路連線功能，就能隨時隨地上網進行專案的開發。

1.1 App 開發的新領域：APP Inventor

全世界使用 Android 系統的智慧型裝置已經超過 12 億台，另外讓人刮目相看的是 Google Play 的 App 下載量也突破了 1000 億次。

▲ 2017 年 Google 開發者大會在山景城盛大舉辦

Android 應用程式的開發儼然已經成為整個應用程式很重要的一環，許多人都很希望能夠快速跨入開發的領域。但是過去在開發 Android 應用程式時都必須透過艱難的 Java 程式語言，讓很多開發者都望之卻步，難道沒有其他的方法能夠改變這個困境嗎？

1.1.1 最夯的行動裝置作業系統：Android

Android 單字的原意為「機器人」，Google 號稱 Android 是第一個真正為行動裝置打造的作業系統。Google 將 Android 的代表圖示設計為綠色機器人，不但表達了字面上意義，並且進一步的強調 Android 作業系統不僅符合環保概念，更是一個輕薄短小但功能強大的作業系統。

Android 是一個以 Linux 為基礎的開放原始碼作業系統，主要用於行動設備，目前由 Google 持續領導與開發中。Android 作業系統是完全免費，任何廠商都可以不經過 Google 的授權隨意使用 Android 作業系統，甚至進行修改。Android 作業系統支援各種先進的繪圖、網路、相機、感測器等處理能力，方便開發者撰寫各式各樣的應用軟體。市面上智慧型手機的型號及規格繁多，Android 開發的應用程式可相容於不同規格的行動裝置，對於開發者來說是一大福音。

1.1.2 全新的開發思維：APP Inventor

你是否苦惱過到底要用什麼方式來進行 App 應用程式的開發呢？

直接使用原生程式碼的方法想必是許多人都感到無助而沮喪的，我們當然能理解這個方式很好：它是最正統的開發方式；它是最能接觸每個功能細節的方式；它是最能控制設備資源的方式 ... 沒錯！但是一看到繁複的開發流程與難以消化的程式內容，許多人都紛紛舉起白旗，或是在嘗試後敗下陣來。難道只有這條路，沒有別的方法嗎？

APP Inventor 的出現是這個問題的解決方案，真的值得你來一探究竟！

APP Inventor 的誕生

APP Inventor 是由 Google 實驗室所發展用來開發 Android 應用程式的開發平台，它以不同以往的設計理念為號召，一推出即獲得許多人的注目。Google 實驗室在 2012 年 1 月 1 日 將 APP Inventor 整個計劃移交給麻省理工學院 (Massachusetts Institute of Technology, MIT) 行動學習中心維護，並堅持以免費及開放原始碼的精神繼續運作。2013 年 8 月大幅提升 APP Inventor 功能，將其更名為 APP Inventor。

APP Inventor 的開發優勢

APP Inventor 的設計理念是以拼圖式方塊來撰寫程式，強調視覺引導，好學易用，而且功能強大。APP Inventor 將所有程式與資源放在網路雲端上，應用程式設計者只要使用瀏覽器，即可透過網路在任何時間、任何地點進行開發工作。

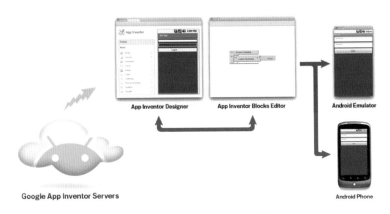

▲ APP Inventor 的開發示意圖

APP Inventor 在進行 App 應用程式開發的優點如下：

■ **開發環境佈署方便**：顛覆許多人對於佈署程式開發環境困難又繁瑣的印象，APP Inventor 經由簡單的步驟，即可讓使用者能在極短的時間內完成開發環境建置。

■ **拼塊程式設計**：視覺圖形化的開發環境，讓程式流程與內容可以在拼塊的拖拉組合之間輕鬆完成。**APP Inventor** 發展小組號稱可以讓完全沒有任何程式碼撰寫經驗者，也能在訓練後完成應用程式開發。

■ **雲端專案開發**：整個開發介面是透過瀏覽器操作，專案的內容與成果皆儲存在雲端之中。無論設計者身在何處，只要有網路，隨時都可以透過瀏覽器進行開發工作。

▲ APP Inventor 將整個開發環境都放到雲端上

■ **強大而實用的元件庫**：APP Inventor 提供許多功能強大的元件，只要拖曳到工作面板區中設定後即可使用。例如使用手機照相的動作，只需拖曳 **照相機** 元件到介面中就可以拍照，並可輕易將相片存檔或顯示於圖形元件中。

■ **支援 NXT 樂高機器人**：APP Inventor 有專屬的拼塊可以設計控制 NXT 樂高機器人的程式，可以使用 Android 手機控制 NXT 及 Ev3 樂高機器人。

■ **開發作品實用性高**：用 APP Inventor 開發出來的應用程式，可以直接在電腦的模擬器中執行，更可以下載到智慧型手機或平板電腦上安裝，甚至還能輕易發佈到 Play 商店中進行分享或是販售也沒有問題。

而 APP Inventor 並沒有就這樣停下發展的腳步，對於新的技術、新的設備，它不斷在各個方面推出新的功能，讓開發者能進行更多不同的應用，揮灑更多的創意。這樣與眾不同的開發方式，你能不心動嗎？

1.1.3 跨平台開發的未來：APP Inventor for iOS

在 APP 開發的領域裡，除了 Android 的設備之外，許多開發者最關心的就是如何讓作品也能延伸到 iOS 的平台，讓 Apple 的行動裝置也能使用他們的心血結晶。這個聲音在 APP Inventor 的社群裡從來沒有停止過討論，也有許多其他的產品將這個需求視為重要的發展方向。

MIT 早在 2017 年就針對於 APP Inventor 的 iOS 版推出過募資計劃，希望讓學習者能在相同的基礎上，應用同一個開發方式即能將專案發佈在 Android 及 iOS 兩個平台上，擴大每個專案的應用層面與影響力。但是迫於商業現實的考量與許多技術瓶頸，這個計劃在過去幾年一直都處於開發進度混沌不明，難以掌握的狀況。在 2021 年 3 月 4 日，APP Inventor 的開發團隊終於釋出 APP Inventor for iOS 的第一個版本，只要在 iPhone、iPad 上安裝 iOS 版的 AI Companion，即可將開發的作品運行在這些設備中。

▲ MIT APP Inventor for iOS (https://apps.apple.com/us/app/mit-app-inventor/id1422709355)

雖然目前 APP Inventor for iOS 還在開發中，在測試的時候常會發現有些功能與理想的狀態有些差距，但是這個版本的推出已經為跨平台開發的理想埋下實現的種子，是可以讓所有學習及使用的人期待的。

 APP Inventor for iOS 第一手資訊

目前 APP Inventor for iOS 正如火如荼的開發中，如果你想要得到第一手資訊，歡迎前往官方討論區獲取的最新消息：

https://community.appinventor.mit.edu/c/appinventor-ios

1.2 建置 APP Inventor 開發環境

APP Inventor 開發環境在網路雲端上，本機只要安裝 APP Inventor 的開發工具檔，即可利用瀏覽器開啟螢幕，進行 App 應用程式的開發。

1.2.1 APP Inventor 的開發環境與工具

建置 APP Inventor 開發環境的重點在於選擇作業系統、瀏覽器與安裝開發工具，以下我們將詳細介紹。

作業系統與瀏覽器的選擇

在作業系統方面，APP Inventor 整合開發環境可在 Windows XP 以上、Mac Os X 10.5 以上及 GU/Linux 等作業系統中安裝。本書將以 Windows 系統為例說明安裝步驟，後面章節的範例也以此系統進行示範操作。

在瀏覽器方面，APP Inventor 是使用瀏覽器做為主要的開發與管理工具，所以在選擇上相當重要。目前 APP Inventor 支援的瀏覽器有 Mozilla Firefox 23 以上、Google Chrome 29 以上及 Apple Safari 5.0 以上。因為 APP Inventor 是 Google 公司所開發，建議最好使用 Google Chrome 瀏覽器，本書的範例也以 Google Chrome 示範操作。

開發環境建置流程

APP Inventor 必須安裝 APP Inventor 開發工具，接著要在模擬器中安裝 MIT AI2 Companion 元件就可在模擬器中執行應用程式專案。

APP Inventor 開發環境的安裝步驟：

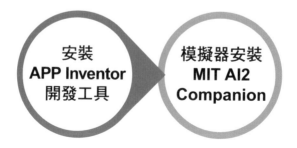

1.2.2 安裝 APP Inventor 開發工具

下載並安裝 APP Inventor 開發工具後，就可以開始設計 App 應用程式了。

1. 請開啟網址：「http://explore.appinventor.mit.edu/ai2/setup-emulator」，請依照使用的系統進行下載，這裡以 Windows 系統來做示範。

2. 下載後請執行安裝檔，請依對話方塊的指引進行安裝。

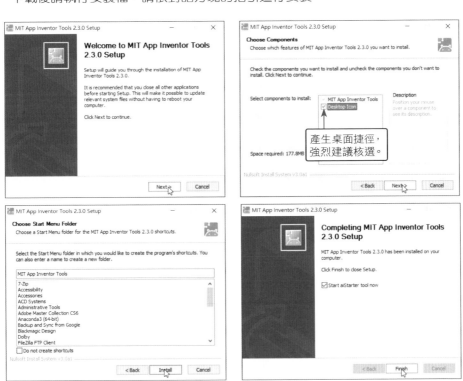

安裝完 APP Inventor 開發工具後，就可以進行 APP Inventor 的 App 應用程式設計。

1.3 建置第一個 APP Inventor 專案

以下我們將要使用一個簡單的範例，帶領你由專案的新增、畫面編排頁面、程式設計頁面、使用模擬器執行應用程式，一直到在實機中安裝應用程式。其中除了讓你可以熟悉 APP Inventor 整合開發環境的使用之外，也讓你能快速了解 APP Inventor 的開發流程。

1.3.1 進入 APP Inventor 的開發網頁

APP Inventor 的整合開發環境是網頁式的平台，所以要使用 APP Inventor 設計 Android 應用程式，首先必須以 Google 帳戶登入 APP Inventor 開發頁面。

登入 APP Inventor 專案管理網頁的步驟為：

1. 請由：「http://ai2.appinventor.mit.edu」進入 APP Inventor 開發網頁的網址，頁面會先導向 Google 帳戶的登入頁面，請輸入帳號密碼後按 **登入** 鈕。

2. 第一次登入時，Google 會將存取的權限設定給這個帳號，請按 **Allow** 鈕即可進入 APP Inventor 專案的管理頁面。

 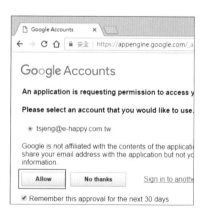

3. 顯示 APP Inventor 最新訊息，若核選 **Do Not Show Again** 專案，以後就不會顯示此訊息。按 **Continue** 鈕繼續。

4. 因為尚未建立任何 APP Inventor 專案，目前管理頁面是空的。

1.3.2 切換繁體中文操作環境

APP Inventor 貼心的為中文使用者準備了繁體中文及簡體中文操作環境，降低英文介面造成的學習障礙。將操作環境變更為繁體中文的方法：

1. 點選 **English** 下拉式選單，點選 **正體中文**。

2. 再度顯示 APP Inventor 最新訊息，按 **繼續** 鈕繼續操作。接著會以中文告知使用者目前尚未建立任何專案。

1.3.3 新增 APP Inventor 專案

APP Inventor 應用程式是以專案的方式進行，請依下述步驟建置第一個專案：

1. 請按 **新增專案** 鈕，接著在對話方塊的 **專案名稱** 欄輸入專案名稱後按 **確定** 鈕即可完成建立專案的動作。專案名稱只能**使用大小寫英文字母、數字及「 」符號，而且名稱的第一個字元必須是大小寫英文字母**。如果輸入的名稱違反命名規則，系統不會建立專案，並會顯示提示訊息告知使用者修正錯誤。

2. 建立專案後會自動開啟 **畫面編排** 頁面，螢幕左上角會顯示目前專案的名稱，左方為 **組件面板** 區，中間為 **工作面板** 區，右方為放置已使用元件的 **組件列表** 區。按上方 **我的專案** 鈕可回到專案管理頁面。

3. 專案管理頁面顯示所有建立的專案，點選專案名稱可進入畫面編排頁面。

1.3.4 畫面編排頁面

APP Inventor 應用程式開發時整個程式使用螢幕要在畫面編排頁面中佈置。一般的流程是在組件面板區拖曳相關的元件到工作面板區中佈置,接著到組件屬性區進行每個元件的細部設定。

在這個範例中,我們將由組件面板區中拖曳 **使用者介面 / 標籤** 元件到頁面中,並設定 **標籤** 元件要顯示的文字內容與格式。請依下述步驟操作:

1. 請由組件面板區中拖曳 **使用者介面 / 標籤** 元件到 **工作面板** 區中,此時 **組件列表** 區會顯示這個 **標籤** 元件,並自動命名為「標籤 1」。

2. **標籤** 元件是 APP Inventor 使用最多的元件,其用途是在頁面上顯示文字。請在工作面板區或是組件列表區選擇這個新增的 **標籤** 元件,接著就要在組件屬性區進行屬性的詳細設定。

   請核選 **粗體**,字體大小:「20」,**寬度**:「填滿」,**文字**:「Hello, AppInventor!」,**文字對齊**:「居中」,**文字顏色**:「紅色」,設定屬性時,其顯示效果會立即在工作面板區呈現。

1.3.5 程式設計頁面

當應用程式的介面設計完成後，就可以切換到程式設計頁面，它最主要的功能是以拼塊來設計程式。在畫面編排頁面按右上方 **程式設計** 鈕就會切換到程式設計頁面。程式設計頁面主要分為以下幾個部分：

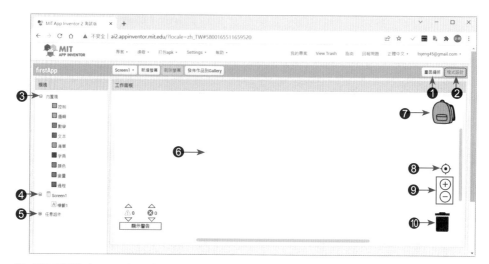

❶ **畫面編排** 鈕：切換到版面配置頁面。

❷ **程式設計** 鈕：切換到程式設計頁面。

❸ **內置塊** 區：本區提供程式流程所需的程式拼塊。

❹ **已建元件** 區：在版面配置頁面建立的元件，會在本區建立對應的元件拼塊。

❺ **任意組件** 區：提供通用元件拼塊。

❻ **工作面板** 區：可將各種拼塊由內置塊區拖曳到此區進行程式流程設計。

❼ **背包**：在不同畫面或專案間複製程式拼塊。

❽ **置中顯示拼塊**：將拼塊移動到編輯區中央。

❾ **放大、縮小顯示拼塊**：可將拼塊放大及縮小顯示。

❿ **垃圾筒**：將拼塊拖曳到垃圾筒可移除該程式拼塊。

1.3.6 **在模擬器中執行應用程式**

在開發階段測試的動作是相當重要的，如果沒有實機，APP Inventor 提供了模擬器
讓設計者執行應用程式，在測試應用程式是很方便的工具。

建立模擬器

模擬器在啟動前必須要先開啟 APP Inventor 開發工具的 aiStarter 當作中介程式。
如果安裝時沒有設定在桌面建立 aiStarter 的捷徑，請依照下述步驟操作：

1. 建立 aiStarter 捷徑：於檔案總管中 <C:\Program Files (x86)\AppInventor\
   aiStarter.exe> 按滑鼠右鍵，於快顯功能表點選 **傳送到 / 桌面 (建立捷徑)**。

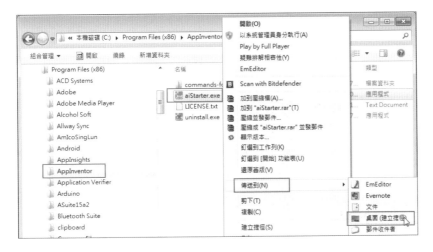

2. 在桌面 aiStarter 捷徑按滑鼠兩下啟動 aiStarter。

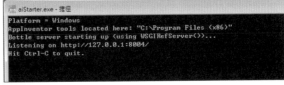

3. 點按功能表 **連接 / 模擬器** 選項，接著再約數十秒後模擬器就會開啟了。

更新 MIT AI2 companion

模擬器首次開啟後，系統會檢查連線程式： MIT AI2 companion。預設搭載並非最新的版本，所以必須更新。此時會顯示提示訊息告知使用者，按 **確定** 鈕，接著再於 **軟體升級** 對話方塊按 **升級完成** 鈕。

此時在模擬器會顯示 **Replace application** 對話方塊，接著請依下列步驟進行二階段的更新動作，安裝完成後按 **Done** 鈕，回到模擬器桌面更新完成。

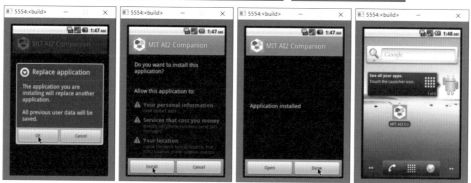

在模擬器上測試應用程式

模擬器更新後就可以執行應用程式。點按上方 **連接** 鈕後在下拉式選單中點選 **模擬器** 選項，一段時間後即可在模擬器見到執行結果。

1.3.7 在實機中模擬執行應用程式 - USB 模式

在模擬器測試雖然方便,但有些功能是無法模擬的,如照相及感測器等功能,而且應用程式最後還是要在實機中執行,所有執行結果需以實機為準。

在實機上必要的設定

實機不是拿來接上電腦就能安裝,有幾個必要設定是要先設定的:

1. 請執行 **設定 > 安全性**,接著核選 **未知的來源** 選項。如此一來在實機上才能安裝非經由 Google Play 認證下載的應用程式。

2. 請執行 **設定 > 開發人員選項**,核選 **USB 偵錯**。

 開啟開發人員選項的方法

在大多數的 Android 手機中,開發人員選項 **預設是隱藏的**。開啟的位置依各家廠商可能會有些不一樣,但大同小異,基本上請在 **設定 > 關於手機 > 軟體資訊 > 版本號碼** 點 7 下即可開啟。

在實機上安裝 MIT AI2 Companion

在實機上開啟 **Play** 商店，於搜尋列輸入「mit ai2」，點選 **mit ai2 companion** 進行安裝，安裝完成後在程式集中會建立 **MIT AI2 Companion** 圖示。

在實機上測試應用程式

請將實機以 USB 傳輸線與電腦連接，系統會開始根據設備安裝驅動程式，建議可以自行安裝實機的驅動程式以利測試。安裝完成後，點按上方 **連線** 鈕後在下拉式選單中點選 **USB** 選項。數秒後就可在實機上見到執行結果。

 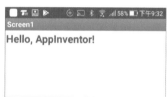

1.3.8 在實機中模擬執行應用程式 - WiFi 模式

Android 行動裝置的種類繁多，以 USB 模式在行動裝置上執行應用程式時，許多使用者面臨無法安裝驅動程式的困境，因此 APP Inventor 提供不需安裝驅動程式就可在實機上執行的方法：**WiFi 模式**。

官方網站特別說明，WiFi 模式的使用條件為 **電腦及實機必須使用相同的 WiFi 無線網路** 才能進行連接。

 直接使用手機的行動網路也能成功連線

經過實證，如果您的手機已搭配 3G、4G 或更快的 5G 行動網路，在開發時不用再使用相同的 WiFi 無線網路，也能成功的連上了！對於許多開發者來說，這樣的功能實在是一個很大的突破。

首先請務必在實機上安裝 **MIT AI2 Companion**，完成後執行會產生如下頁面：

在開發頁面按上方功能表：**連線 > AI Companion 程式**，在 **連接 AI Companion 程式** 對話方塊中將產生一個 QR Code 以及一組六個字元的編碼。

你可以在實機上開啟 AI2 Compainion 應用程式，輸入編碼後按 **connect with code** 鈕，或按 **scan QR code** 鈕掃描 QR Code 圖形，都可進行連線，讓實機執行程式。

1.3.9 在 BlueStacks 中模擬執行應用程式

由於 APP Inventor 內建的模擬器功能非常陽春，顯示介面也不甚美觀，因此本書使用 BlueStacks 進行應用程式開發。BlueStacks 是一套功能強大的 Android 模擬器，只要在電腦上安裝這個軟體，就能安裝與執行 Android 程式。BlueStacks 可模擬實體手機大部分功能，操作上與實體手機接近。

下載及安裝 BlueStacks

1. 開啟 BlueStacks 首頁「https://www.bluestacks.com/tw/index.html」，點選 **下載 BlueStacks 5** 就會下載安裝檔。

2. 在下載的安裝檔按滑鼠左鍵兩下進行安裝，安裝需一段時間。安裝完成後，點選右下角 ⚙ 設定鈕進行模擬器設定。

3. 於左方點選 **顯示** 項目，**畫面解析度** 項目於下拉式選單點選 **直向**，解析度核選 **720X1280**，然後按 **保存更改** 鈕，再按 **立即重啟** 鈕重新啟動模擬器。

在 BlueStacks 上安裝 MIT AI2 Companion

1. 在 BlueStacks 模擬器上開啟 **Play 商店**，先登入 Google 帳號，然後於搜尋列輸入「mit ai2」，點選 **mit ai2 companion** 進行安裝。

2. 點選 **安裝** 鈕，安裝完成後在程式集中會建立 **MIT AI2 Companion** 圖示。

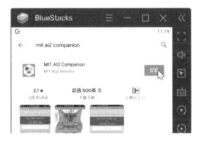

在 BlueStacks 上測試應用程式

在開發頁面按上方功能表： **連線** > **AI Companion 程式**，在 **連接 AI Companion 程式** 對話方塊中將產生一個 QR Code 以及一組六個字元的編碼。然後在 BlueStacks 模擬器中開啟 AI2 Compainion 應用程式，輸入編碼後按 **connect with code** 鈕進行連線，讓 BlueStacks 模擬器執行應用程式。

1.3.10 在 iOS 實機中模擬執行應用程式

目前 APP Inventor 也支援 Apple 的 iOS 系統，只要是 iPhone 或 iPad 安裝 iOS 版的測試 App，即可進行實機模擬的動作。

1. 請開啟 iPad 或 iPhone 的 App Store，選取 **搜尋** 後在欄位中輸入關鍵字「APP Inventor」，找到 **MIT APP Inventor**，再進行安裝。

2. 首次開啟會顯示歡迎畫面，按 **Continue** 鈕經過導覽畫面後即可進入主畫面。

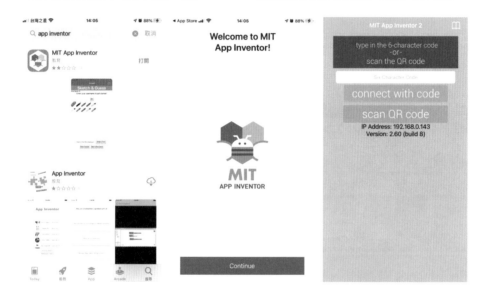

按上方功能表：**連線 > AI Companion 程式**，將產生一個 QR Code 以及一組六個字元的編碼對話方塊。在實機上開啟 AI2 Compainion 應用程式，輸入編碼後按 **connect with code** 鈕，或按 **scan QR code** 鈕掃描 QR Code 圖形 (首次會詢問取用相機的權限)，都可進行連線進行讓實機測試。

目前 APP Inventor 的 iOS 開發環境還在陸續更新補強中，以下是注意事項：

1. 根據目前的實測，iOS 在實機測試時建議 **電腦及實機必須使用相同的 WiFi 無線網路**。

2. iOS 應用程式的安裝檔打包正在開發中，目前僅能使用實機模擬。

3. iOS 版開發時大部份的功能都能使用，但部份內容還在研發。

1.4 專案維護

APP Inventor 是雲端操作系統，設計者製作的原始檔案及編譯產生的執行檔都會儲存在雲端，但為了避免原始檔案遺失或要將執行檔分享給好友使用，最好能在本機中備份。

1.4.1 下載原始檔

當應用程式設計完成後，可下載原始檔到本機中做為備份。系統會將所有使用的原始檔包裝成 .aia 檔案格式讓使用者下載，方便備份保存。

操作方式為：

1. 在開發頁面按上方功能表：**專案 > 導出專案 (.aia)**。

2. 系統自動下載檔案置於預設路徑，檔名為 < 專案名稱 .aia>。

下載檔包含專案中各種資源檔，如聲音、圖片、影片等檔案，使用者只要保存一個下載檔案即可。

1.4.2 **移除專案**

如果不再使用的專案可將其移除，以免專案太多導致管理頁面顯得雜亂，也影響尋找專案的效率。

移除專案操作方式為：

1. 在專案管理頁面核選要移除專案左方的核選方塊，按上方 **刪除專案** 鈕，於確認對話方塊中按 **確定** 鈕確認刪除。

2. 專案並未真正移除，只是移到垃圾筒。要真正移除專案，可按 **View Trash** 鈕，核選要移除專案左方的核選方塊，按 **Delete From Trash** 鈕。

3. 於確認對話方塊中按 **確定** 鈕確認刪除。回到專案管理頁面，可見到選取的專案已經移除。

APP Inventor 2 初學特訓班

1.4.3 上傳原始檔

如果取得他人設計的原始檔案，可上傳到 APP Inventor 伺服器建立專案，例如本書範例檔案中的專案都可以此方式上傳。

1. 在開發頁面按上方功能表： **專案 > 匯入專案 (.aia)**。

2. 按 **選擇檔案** 鈕選取要上傳的專案檔 (.aia 格式)，然後按 **確定** 鈕開始上傳。

3. 上傳完成後，會自動進入畫面編排頁面，如下圖果然是原來的專案畫面。

4. 按上方 **我的專案** 鈕即可在專案管理頁面見到上傳的專案。

1.4.4 複製專案

專案開發過程中，最好定時對專案做備份，如果製作過程不順利，可以回到上一次備份重新設計。專案備份工作可以用「複製專案」方式操作：

1. 在開發頁面按上方功能表 **專案 > 另存專案**，於 **專案另存為** 對話方塊中輸入專案名稱後按 **確定** 鈕。

2. 按上方功能表 **我的專案** 回到專案管理頁面，就可見到複製的專案。

1.4.5 下載安裝檔或在手機安裝應用程式

Android 應用程式必須編譯成安裝檔才能在手機中安裝執行，Android 安裝檔的副檔名為「.apk」。在 Play 商店下載應用程式時，即是下載該應用軟體的安裝檔，下載後系統會自動辨識安裝檔，並且詢問是否要立刻安裝。

之前在實機模擬執行應用程式時，只是將執行結果同步顯示於手機，並未下載安裝檔，若是在手機中結束應用程式或拔除 USB 連接線，就需要再次下載程式。為什麼要如此麻煩呢？那是因為 APP Inventor 編譯後的安裝檔較大，最少也有 1.3M 以上，而且無法移到 SDcard 卡中，為避免佔用太多手機記憶體，因此 APP Inventor 提供模擬方式呈現執行結果。

另一種方式，就是在雲端進行程式的打包動作，完成後系統會將下載的網址變成 QR Code，手機只要利用 QR Code 掃描軟體進行掃描，即可直接將應用程式下載到實機，並且進行安裝。

將應用程式專案編譯成安裝檔下載到電腦或安裝到手機的操作方式為：

1. 在開發頁面按上方功能表： **打包 apk > Android App (.apk)**。

2. 等待一小段時間後會出現下載檔案及二維條碼的對話方塊。

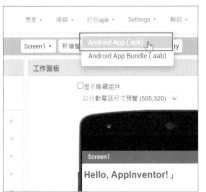

3. 按 **Download apk now** 會立即下載 apk 檔到本機預設資料夾。有了 apk 安裝檔後，就可以將該檔案傳給其他手機進行安裝，甚至準備上架到 Play 商店。

4. 使用實機中的 Barcode 掃描程式 (如：QuickMark) 或 **MIT AI2 Companion** 對二維條碼進行掃描，就可下載安裝檔到實機中，進而在實機上安裝應用程式。

基本元件與運算

文字輸入盒元件的用途是讓使用者輸入文字，所輸入的文字會儲存於文字屬性中。按鈕元件是應用程式與使用者互動的主要元件。當使用者按下按鈕元件時，會執行設計者安排的程式片段，達到互動目的。

介面配置元件是一個容器，本身不會在螢幕中顯示，當其他元件加到介面配置元件裡後，會依指定方式排列，經過精心安排，就能設計出賞心悅目的介面。

2.1 常用基本元件

除了上一章介紹的 **標籤** 元件外,幾乎每一個應用程式都會使用 **文字輸入盒** 及 **按鈕**
元件。如果應用程式要使用圖形,就需以 **圖像** 元件呈現。

2.1.1 文字輸入盒元件

文字輸入盒 元件的用途是讓使用者輸入文字,所輸入的文字會儲存於 **文字** 屬性中。
文字輸入盒 元件通常會與 **按鈕** 元件搭配使用,讓使用者輸入文字後按下按鈕做後
續處理。

背景顏色、高度 及 **寬度** 是大部分元件都具有的屬性,在往後元件的屬性列表中將
不再列出。

文字輸入盒 元件的常用屬性有:

屬性	說明
啟用	設定元件是否可用,即是否可輸入文字。
粗體	設定文字是否顯示粗體。
斜體	設定文字是否顯示斜體。
字體大小	設定文字大小,預設值為「14」。
字形	設定文字字形。
提示	設定提示文字,即尚未輸入文字時顯示的文字。
允許多行	設定是否可輸入多列文字。
僅限數字	設定是否只能輸入數字。
文字	設定顯示的文字。
文字對齊	設定文字對齊方式 。
文字顏色	設定文字顏色。
可見性	設定是否在螢幕中顯示元件。

文字輸入盒 元件的 **文字** 屬性預設值為空字串,如果要避免 **文字輸入盒** 輸入值為空
白,可在 **文字** 屬性設定初始值。**提示** 屬性值會以淡灰色文字顯示,當使用者輸入
文字後,**提示** 屬性值文字就會消失。

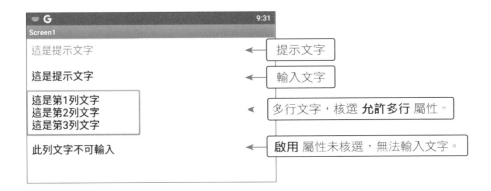

2.1.2 密碼輸入盒元件

密碼輸入盒 元件是 **文字輸入盒** 元件的特殊狀態，此元件是專為輸入密碼所設計的元件。**密碼輸入盒** 元件與 **文字輸入盒** 元件不同處是 **密碼輸入盒** 元件輸入的文字不會在螢幕中顯示，而是以圓點符號 (•) 取代，避免被其他人看到輸入內容，達到保護密碼的目的。

密碼輸入盒 元件的屬性與 **文字輸入盒** 元件大致相同，只是 **密碼輸入盒** 元件缺少一個屬性：因為密碼都是單列文字，所以沒有 **允許多行** 屬性。

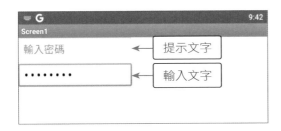

2.1.3 按鈕元件

按鈕 元件是應用程式與使用者互動的主要元件。當使用者按下按鈕元件時，會執行設計者安排的程式片段，達到互動目的。

按鈕 元件的常用屬性有：

屬性	說明
啟用	設定元件是否可用，即按鈕是否可按。
粗體	設定文字是否顯示粗體。
斜體	設定文字是否顯示斜體。
字體大小	設定文字大小，預設值為「14」。
字形	設定文字字形。
圖像	設定顯示圖片按鈕。
形狀	設定按鈕的形狀。
顯示互動效果	設定按下按鈕時，按鈕是否會閃動。
文字	設定按鈕文字。
文字對齊	設定文字對齊方式。
文字顏色	設定文字顏色。
可見性	設定是否在螢幕中顯示元件。

上傳資源檔

應用程式常要用到圖片、聲音、影片等可讓應用程式更加生動，這些額外的檔案稱為「資源檔」。因為 APP Inventor 2 應用程式的編譯工作是在伺服器上執行，所以資源檔必須先上傳到伺服器才能被應用程式使用。

元件使用資源檔的方法有兩種：第一種是先上傳資源檔，再於元件的屬性中設定資源檔案名稱。操作方法是在畫面編排頁面 **組件列表** 區最下方，於 **素材** 區域中按 **上傳文件** 鈕加入資源檔。

在 **上傳文件** 對話方塊按 **選擇檔案** 鈕，選擇要上傳的檔案後按 **確定** 鈕開始上傳。

 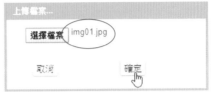

上傳完成後，在 **素材** 區域會顯示所有資源檔。於元件要設定資源檔的屬性 (此處是 **按鈕** 元件的 **圖像** 屬性) 上按一下滑鼠左鍵，所有資源檔會顯示於下拉式選單中，點選資源檔名稱後按 **確定** 鈕就完成設定。

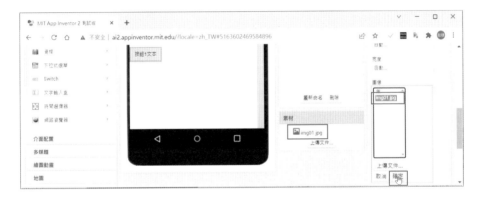

第一種方法將上傳資源檔及設定屬性值分為兩步驟執行，第二種方法則是將兩步驟合而為一：於元件要設定資源檔的屬性上按一下滑鼠左鍵，在下拉式選單按 **上傳文件** 鈕，選取要上傳的資源檔後就會上傳檔案，同時設定元件的屬性值。

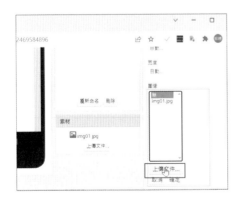 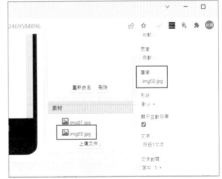

按鈕可以使用文字 (**文字** 屬性)，也可以使用圖形 (**圖像** 屬性)，如果 **文字** 及 **圖像** 屬性值都設定了，要以何者優先呢？事實是文字及圖形都會顯示。

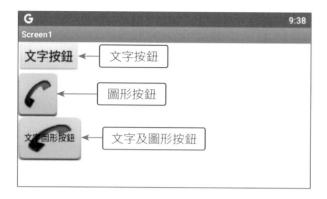

2.1.4 圖像元件

圖像 元件是用於顯示圖片，其屬性除了 **高度** 及 **寬度** 外，其餘屬性列於下表：

屬性	說明
圖片	設定要顯示的圖片。
旋轉角度	設定圖片順時針旋轉角度。
放大 / 縮小圖片來適應尺寸	核選此屬性會自動調整大小填滿指定的寬度及高度。
可見性	設定是否在螢幕中顯示元件。

2.2 介面配置元件

應用程式的介面設計非常重要，使用者對於應用程式的第一印象是來自介面，功能強大的應用程式若介面簡陋或不具親和力，通常不會受到使用者青睞。

介面配置 元件是一個容器，本身不會在螢幕中顯示，當其他元件加到 **介面配置** 元件裡後，會依指定方式排列，經過精心安排，就能設計出賞心悅目的介面。

2.2.1 水平配置元件

在 **水平配置** 中的元件會以水平方式排列，如果元件的寬度超過螢幕範圍，超出部分不會顯示。

水平配置 元件的常用屬性有：

屬性	說明
水平對齊	設定水平對齊方式 。
垂直對齊	設定垂直對齊方式 。
圖像	設定元件背景圖形。
可見性	設定是否在螢幕中顯示元件。

以建立一個水平排列的輸入欄位為例，操作步驟為：

1. 在畫面編排頁面組件面板區拖曳 **水平配置** 元件到 **工作面板** 區，於 **組件屬性**區設定 **寬度** 屬性為 **填滿**，表示以螢幕寬度為元件寬度。

2. 拖曳 **標籤** 元件到 **水平配置** 元件內，於 **組件列表** 區可見到 **標籤** 元件位於 **水平配置** 元件下方結構內，表示 **標籤** 元件在 **水平配置** 元件內。修改 **文字** 屬性值為「姓名：」。

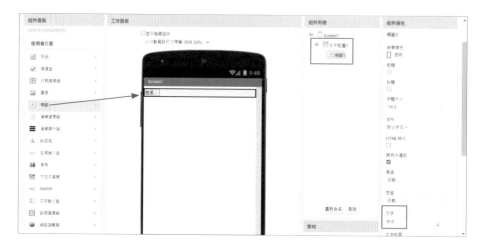

3. 拖曳 **文字輸入盒** 元件到 **標籤** 元件右方。

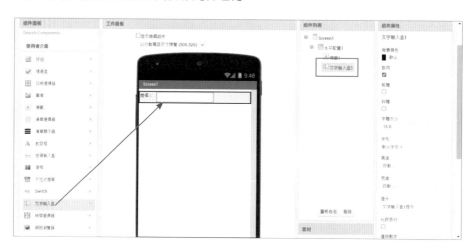

介面配置元件的 **可見性** 屬性有一個極重要的功能：可一次隱藏或顯示多個元件。因為介面配置元件是容器，可在其內部置入多個元件，當設定介面配置元件的 **可見性** 屬性為隱藏時，其內所有元件將全部隱藏；同理，設定介面配置元件的 **可見性** 屬性為顯示時，其內所有元件將全部顯示。

當設計多頁應用程式時，可以使用多個 Screen 元件建立多個頁面，但不同 Screen 元件切換時要注意許多細節，否則很容易造成應用程式錯誤；變通的方式為將多個頁面都置於同一個 Screen 元件中，再把每一個頁面的元件放在一個介面配置元件內，執行時只設定一個頁面的介面配置元件為顯示狀態，其餘都設為隱藏，如此就能達到換頁效果。

2.2.2 垂直配置元件

垂直配置 元件與 **水平配置** 元件雷同，只是在 **垂直配置** 中的元件都會以垂直方式排列。

垂直配置 元件的屬性與 **水平配置** 元件完全相同。

以建立一個垂直排列的輸入欄位為例，操作步驟與 2.2.1 節完全相同，只是步驟 1 拖曳的是 **垂直配置** 元件，結果是 **標籤** 元件和 **文字輸入盒** 元件會垂直排列：

2.2.3 表格配置元件

如果需要排列的元件眾多而且是整齊排列，可使用 **表格配置** 元件。**表格配置** 元件會將元件以表格方式排列，設計者可自行設定表格的列數及欄數。

表格配置 元件的常用屬性有：

屬性	說明
列數	設定表格的列數。
行數	設定表格的行數。
可見性	設定是否在螢幕中顯示元件。

以建立兩個並排的輸入欄位為例，操作步驟為：

1. 在畫面編排頁面組件面板區拖曳 **表格配置** 元件到工作面板區，**表格配置** 元件預設為 2 列 2 欄。於 **組件屬性** 區設定 **寬度** 屬性為 **填滿**，表示以螢幕寬度為元件寬度。

2. 拖曳 **標籤** 元件到 **表格配置** 元件第一列第一行儲存格內。

3. 修改 **文字** 屬性值為「姓名：」。拖曳 **文字輸入盒** 元件到 **標籤** 元件右方。

4. 拖曳 **標籤** 元件到 **表格配置** 元件第二行第一列儲存格內，修改 **文字** 屬性值為「密碼：」。拖曳 **文字輸入盒** 元件到 **標籤** 元件右方。

2.2.4 巢狀介面配置元件

APP Inventor 2 僅提供數個介面配置元件，如何應付千變萬化的介面設計呢？關鍵在於介面配置元件可以是巢狀排列，也就是介面配置元件中可以再置入介面配置元件，如此就能組成極複雜的介面設計。

例如 2.2.3 節以 **表格配置** 建立兩個並排的輸入欄位，此介面也可用 **水平配置** 及 **垂直配置** 元件巢狀排列完成。

1. 在畫面編排頁面組件面板區拖曳 **垂直配置** 元件到介面設計區，設定 **寬度** 屬性為 **填滿**。

2. 拖曳 **水平配置** 元件到 **垂直配置** 元件內，設定 **寬度** 屬性為 **填滿**。

3. 拖曳 **標籤** 元件到 **水平配置** 元件內，修改 **文字** 屬性值為「姓名：」。拖曳 **文字輸入盒** 元件到 **標籤** 元件右方。

4. 拖曳 **水平配置** 元件到原 **水平配置** 元件下方，且在 **垂直配置** 元件內部，設定 **寬度** 屬性為 **填滿**。

5. 於 **組件屬性** 區設定第二個 **水平配置** 元件 **寬度** 屬性為 **填滿**。拖曳 **標籤** 元件到第二個 **水平配置** 元件內,修改 **文字** 屬性值為「密碼:」。拖曳 **文字輸入盒** 元件到 **標籤** 元件右方。注意觀察 **組件列表** 區中,兩個 **水平配置** 元件都在 **垂直配置** 元件的結構中。

2.3 基本拼塊功能與事件

介面設計完成後，就可進入程式設計頁面進行程式設計，與使用者互動！當使用者在應用程式介面做了某些動作，例如按了某個按鈕，或在 **文字輸入盒** 元件輸入文字等，會觸發對應的事件，應用程式就會執行設計者設定的程式。

2.3.1 使用程式拼塊

開啟程式設計頁面

在 APP Inventor 2 中程式是利用拼塊進行設計，開啟程式設計頁面的方法為：在畫面編排頁面按右上方 **程式設計** 鈕即可。

認識拼塊

拼塊編輯頁面左方 **內置塊** 項目內含所有系統內建的程式拼塊；**Screen1** 項目會顯示在畫面編排頁面建立的所有元件，若設計者在畫面編排頁面新增元件，此區會自動產生對應的元件；**任意組件** 項目提供通用元件，使用方法將在後面章節詳細說明。

點選 **Screen1** 項目的元件名稱，系統會顯示該元件所有事件、方法及屬性；點選不同類型的元件，其顯示的事件、方法及屬性會不同。為方便設計者辨識，系統以不同顏色區分不同功能的拼塊：土黃色是事件，紫色是方法，淺綠色是取得屬性值，深綠色是設定屬性值。

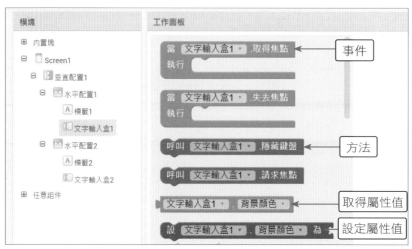

建立拼塊的方法是點選元件名稱，再點選要使用的拼塊，該拼塊就會出現在工作面板區中。

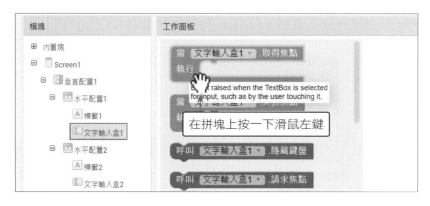

然後拖曳拼塊到需要的位置。

2.3.2 **事件**

在目前物件導向的程式設計模式中，「事件」是程式流程的核心。什麼是「事件」呢？簡單的說，事件是設計者預先設定好一種情境讓使用者操作，當使用者做了該操作，應用程式就會執行特定的程式碼做為回應。例如在登入頁面中有一個按鈕（事件來源），當使用者按下按鈕（觸發事件）就會檢查輸入的帳號密碼是否正確（執行事件程式碼）。

從前要檢查使用者是否按下按鈕，必須利用無窮迴圈每隔一段時間檢查一次，才能知道使用者是否按下按鈕。例如一位鍋爐管理員負責鍋爐的安全，若鍋爐的水量太少時必須即時加水，因為水量太少可能會引起鍋爐爆炸。鍋爐管理員每隔一段時間就查看鍋爐水量一次以確保安全。

此種方式非常耗費系統資源，設定檢查時間也是一大困擾：間隔時間太短，耗費的系統資源更多；間隔時間太長，無法即時做出回應。例如鍋爐管理員每隔一分鐘檢查一次，他就無法做其他事，且大部分檢查是徒勞無功，若每隔一小時檢查一次，則鍋爐爆炸的機率就會大增。

那要如何解決問題呢？答案就是「事件」。事件的處理方式是「化主動為被動」：系統並不會主動去檢查按鈕是否被按下，這樣就不會浪費系統資源，當按鈕被按下時，由按鈕通知系統：「我被按了，請趕快處理！」，也就是系統在接到通知才啟動處理程序。以鍋爐管理員為例，管理員在鍋爐加裝了一個警報器，當水量太少時就會鈴聲大作，管理員平時可做自己的工作，當聽到鈴聲時再趕緊為鍋爐加水就可以了！

通常事件包含三個部分：

■ **事件來源**：觸發事件的元件，如 **按鈕**、**文字輸入盒** 元件等。

■ **事件名稱**：發生的事件，如 **被點選**、**取得焦點** 等。

■ **處理程式碼**：事件發生後執行的程式拼塊。

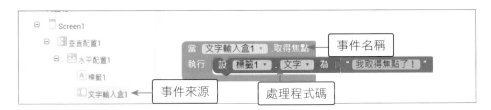

2.3.3 第一個拼塊範例

本範例是用一個 **密碼輸入盒** 元件讓使用者輸入密碼，輸入的字元會以圓點顯示，按 **顯示密碼** 鈕就會在下方將密碼顯示出來。

本範例介面設計完成的檔案置於書附檔案，路徑為 <ch02\ 原始檔 \ex_showPW. aia>，於專案管理頁面將其上傳，在介面設計頁面可見其介面設計為：

最下方的 **顯示標籤** 是 **標籤** 元件，因清除其 **文字** 屬性值，所以應用程式執行時不會顯示，此元件做為顯示密碼用。

開啟程式設計頁面，開始進行拼塊程式設計。

1. 本範例的事件是按下 **顯示按鈕**，即觸發 **顯示按鈕** 的 **被點選** 事件。點選 **顯示按鈕**，再按 **當顯示按鈕.被點選** 拼塊。

2. 使用者按下按鈕後，需設定 **顯示標籤** 元件的 **文字** 屬性值，點選 **顯示標籤**，再按 **設顯示標籤.文字為** 拼塊。

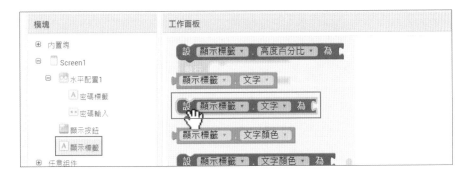

3. 拖曳 **設顯示標籤.文字** 拼塊到 **顯示按鈕.被點選** 拼塊內，當 **設顯示標籤.文字** 拼塊的凹口與 **顯示按鈕.被點選** 拼塊的凸口接合時，會發出「嗒」的聲音，表示兩個拼塊正確接合。

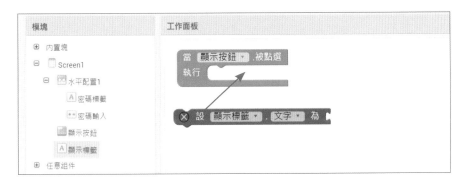

4. 要顯示在 **顯示標籤** 元件的內容是 **密碼輸入** 的 **文字** 屬性值。請點選 **密碼輸入**，再拖曳 **密碼輸入.文字** 取值拼塊到 **設顯示標籤.文字** 拼塊右方接合，如此就完成本範例程式拼塊操作。

2.4 基本運算

在日常生活中，運算是時時刻刻都會用到的技能：小到在商店買東西，大到複雜的銀行利息計算，都與生活息息相關。程式設計也不例外，每個應用程式都離不開運算，且除了數學運算外，還包括字串運算、邏輯運算等。

2.4.1 常數

程式執行過程中，某些資料會重複出現，且其資料內容不會改變，這種資料稱為「常數」。APP Inventor 2 中常數分為三種：

■ **數值常數**：資料內容是數值。設定方法是在 **內置塊** 項目點選 **數學**，再按 **0** 拼塊。這個拼塊中的值允許自行輸入數字，例如設定值為「10」的數值常數。在這只能輸入數字 (0-9、、、+、、-)，如果輸入非數字字元，設定值會還原為「0」。

■ **字串常數**：資料內容是字串。設定方法是在 **內置塊** 頁籤點選 **文本**，再按 **空字串** 拼塊。於工作面板區以滑鼠左鍵按兩個「"」符號中間的空白處，此時可輸入新的字串，例如宣告值為「score」的字串常數。

字串常數的資料內容也可以是中文。

■ **邏輯常數**：邏輯常數只有兩個值，**真** 及 **假**，系統已經建立，設計者可以直接取用。邏輯常數位於 **內置塊** 頁籤的 **邏輯** 項目。

2.4.2 全域變數

變數是一個隨時可改變其資料內容的容器名稱，例如可宣告一個名稱為 score 的變數，如果要計算學生甲的成績，score 變數就存放學生甲的成績；當要計算學生乙的成績，score 變數就存放學生乙的成績，而不必為每一位學生的成績都建立一個常數來儲存。

變數分為全域變數及區域變數兩種：全域變數是在整個 Screen 元件中都可使用的變數（對於只有一個 Screen 元件的應用程式，相當於整個應用程式皆可使用全域變數），區域變數則是只能在宣告變數的區塊中使用的變數。

全域變數的宣告方法是在 **內置塊** 項目點選 **變量**，再點選 初始化全域變數 變數名 為 拼塊，這就是宣告全域變數的拼塊。預設的變數名稱為「變數名」，以滑鼠左鍵按拼塊上 **變數名** 文字，使其呈現反白，此時可輸入新的變數名稱，例如「分數」。

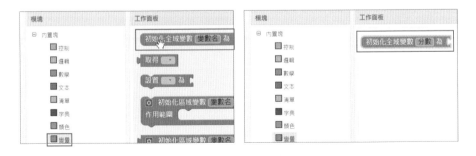

建立變數後最好為設定變數初始值。如果沒有為變數設定初始值，設計時只會產生警告錯誤，執行時不會產生錯誤，若程式中沒有設定變數值，可能造成不可預期的執行結果，這種錯誤要除錯非常困難，所以使用者應養成為變數設定初始值的良好習慣。

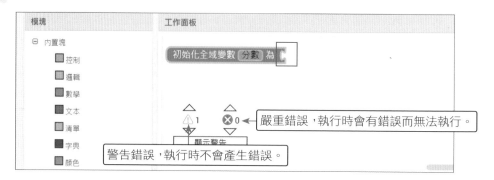

變數主要分為數值變數、字串變數與邏輯變數，依據變數的初始值為數值常數、字串常數或邏輯常數而定。

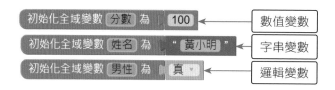

命名

變數名稱可使用中文字、英文大小寫字母、數字、「@」及「_」符號，而且第一個字元必須是中文字、大小寫字母、「@」或「_」符號。如果輸入的名稱違反命名規則，系統會自動還原為預設值「name」。

存取變數值

在程式中存取變數值的方法有兩種：第一種方法是將滑鼠移到宣告的變數名稱上，片刻後就會顯示取得及設定該變數的拼塊，在拼塊上按滑鼠左鍵就可將該拼塊加入拼塊編輯區。

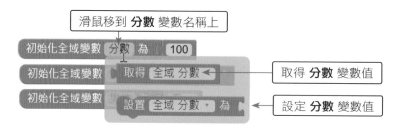

第二種方法是在 **內置塊** 項目點選 **變量**，再點選 **取得**（取得變數值）或 **設置**（設定變數值）拼塊，接著在 **工作面板** 區於下拉式選單中點選要使用的變數名稱。

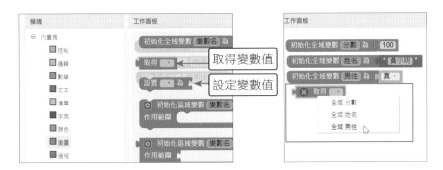

2.4.3 區域變數

區域變數是只能在宣告變數的區塊中使用的變數。

區域變數的宣告方法是在 **內置塊** 項目點選 **變量**，再點選 **初始化區域變數** 拼塊；宣告區域變數的拼塊有兩個，兩者的功能相同，只是拼塊接合口不同：一個是凸口，一個是凹口，可視程式需要選擇使用。預設的變數名稱為「變數名」，以滑鼠左鍵按拼塊上 **變數名** 文字，使其呈現反白，即可輸入新的變數名稱。

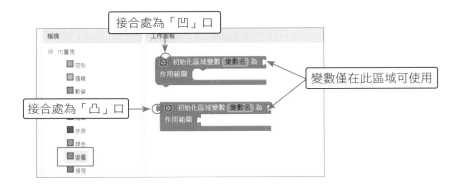

擴充項目圖示

宣告區域變數拼塊的左上方有一個藍色矩形圖示，稱為擴充項目圖示，功能是可以增加拼塊項目，對於不同拼塊，可以增加的項目並不相同。

宣告區域變數拼塊預設只有一個區域變數，如果要使用多個區域變數，該如何宣告呢？宣告區域變數拼塊的擴充項目圖示可新增區域變數：在擴充項目圖示上按一下滑鼠左鍵，拖曳下方 **參數** 拼塊到 **區域變數名稱** 區塊下方，就可新增一個區域變數。反覆拖曳 **參數** 拼塊到 **區域變數名稱** 區塊中，即可不斷新增區域變數。

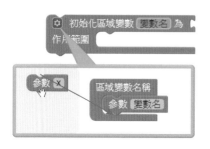
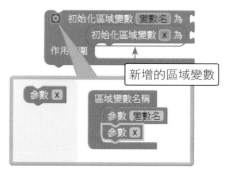

若要移除區域變數，操作方式為：在擴充項目圖示上按一下滑鼠左鍵，拖曳下方 **區域變數名稱** 區塊中要移除的區域變數拼塊到左方灰色區域中，該區域變數就會被移除。

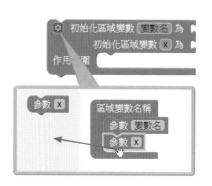
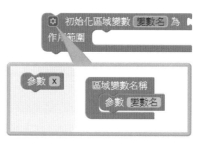

 擴充項目圖示新增項目依拼塊而異

擴充項目圖示是 APP Inventor 2 新增的功能，許多拼塊具有此功能。新增項目則依不同種類拼塊而異，例如上述宣告區域變數拼塊可以新增區域變數，其他如加法及乘法運算拼塊可以新增運算元，形成多數連加或連乘；條件判斷拼塊 (**如果⋯則**) 可以新增條件式，形成多條件式判斷等。各拼塊擴充項目圖示的使用方法，將在後面章節中詳細說明。

2.4.4 **數學運算**

一般 **數學運算** 的執行主要是加、減、乘及除四則運算。

以下用「5+2」運算式示範操作過程:

1. 在 **內置塊** 項目點選 **數學**,然後按 **+** 拼塊。再一次點選 **數學**,然後按 **0** 拼塊,於工作面板區以滑鼠左鍵按數字「0」,輸入新的數值「5」。拖曳 **5** 拼塊到 **+** 拼塊的左邊拼塊填入處。

2. 加入 2 拼塊:點選 **數學**,然後按 **0** 拼塊,於工作面板區以滑鼠左鍵按數字「0」,輸入新的數值「2」。拖曳 **2** 拼塊到 **+** 拼塊的右邊拼塊填入處。

數學運算 整理如下表:

拼塊	意義	範例	運算結果
	加法	![6+2](6 + 2)	8
	減法	![6-2](6 - 2)	4
	乘法	![6×2](6 × 2)	12
	除法	![6/2](6 / 2)	3
	指數	![6^2](6 ^ 2)	36

減法、除法及指數運算拼塊沒有擴充項目圖示，只能做兩個數字運算；加法及乘法拼塊具有擴充項目圖示，可以多個數字做連加及連乘。以建立「6+2+4」拼塊為例：完成「6+2」拼塊後，在擴充項目圖示上按一下滑鼠左鍵，拖曳下方 **number** 拼塊到 **+** 區塊下方，就可新增一個空白的加數位置；點選 **數學**，然後按 **0** 拼塊，於工作面板區以滑鼠左鍵按數字「0」，輸入新的數值「4」。拖曳 **4** 拼塊到空白加數位置。

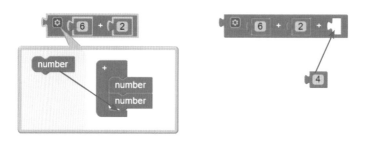

2.4.5 字串運算

將多個字串連接成一個字串稱為字串運算。字串運算功能是以 **合併文字** 拼塊來達成，可連接兩個或多個字串。

合併文字 拼塊位於 **內置塊** 項目的 **文本** 指令，將兩個字串拼塊置於 **合併文字** 拼塊兩邊的拼塊填入處，就能將兩個字串連合。例如「我喜歡」拼塊及「打籃球」拼塊，結合後的結果為「我喜歡打籃球」。

合併文字 拼塊本身可以結合兩個字串，而且具有擴充項目圖示，可以結合多個字串。以結合三個字串為例：在擴充項目圖示上按一下滑鼠左鍵，拖曳下方 **文字** 拼塊到 **合併文字** 區塊下方，就可新增一個加入字串的位置；拖曳三個字串拼塊到 **合併文字** 拼塊中，就可將三個字串結合。

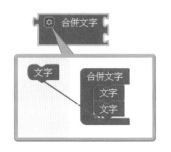

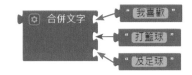

2.4.6 比較運算

比較運算是比較兩個項目，若比較正確就傳回 **真**，若比較錯誤就傳回 **假**，設計者可根據比較結果做不同的處理。

比較運算分為數值比較運算與字串比較運算。

數值比較運算位於 **內置塊** 項目的 **數學** 指令，用於兩個數值的比較。數值比較運算有 6 種，APP Inventor 2 將其融合在一個拼塊中：點按拼塊中央的下拉式選單，即可選取要使用的比較運算。

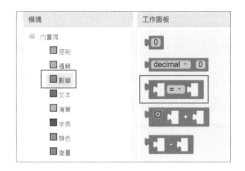

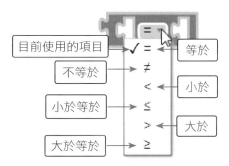

字串比較運算位於 **內置塊** 項目的 **文本** 指令，用於兩個字串的比較。字串比較運算只有 3 種，APP Inventor 2 將其融合在一個拼塊中：點按拼塊中央的下拉式選單，即可選取要使用的比較運算。

字串比較是逐一比較字串中的字元，若字元相同就比較下一個字元，直到比較出大小為止。

下面是幾個比較運算的例子：

範例	運算結果
65 > 43	真
比較文字 " bear " > " apple "	真
比較文字 " bear " < " apple "	假
比較文字 " bear " = " apple "	假

2.4.7 邏輯運算

邏輯運算是結合多個比較運算來綜合得到最後比較結果，通常用在較複雜的比較條件。邏輯運算位於 **內置塊** 項目的 **邏輯** 指令：

拼塊	說明	範例	
反相	**反相**：傳回與運算相反的結果。	反相 0 > 2	真
等於	**等於及不等於**：可以進行數值或字串的等於及不等於運算。	" bear " 等於 " BEAR "	假
並且	**並且**：所有比較運算結果都是 **真** 時才傳回 **真**，否則傳回 **假**。	6 > 2 並且 7 < 3	假
或者	**或者**：只要有一個運算結果是 **真** 時就傳回 **真**，否則傳回 **假**。	6 > 2 或者 7 < 3	真

反相 拼塊會檢查其後運算的結果，如果運算結果是 **真**，**反相** 拼塊會傳回 **假**；如果運算結果是 **假**，**反相** 拼塊會傳回 **真**。

並且 拼塊只有在所有比較運算結果都是 **真** 時才傳回 **真**，只要有一個比較運算結果是 **假** 就會傳回 **假**，相當於數學上集合的交集。

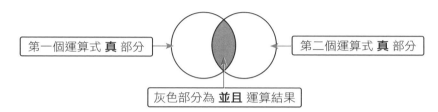

第一個運算式	第二個運算式	並且運算結果
真	真	真
真	假	假
假	真	假
假	假	假

或者 拼塊與 **並且** 拼塊相反，只有在所有比較運算結果都是 **假** 時才傳回 **假**，只要有一個比較運算結果是 **真** 就會傳回 **真**，相當於數學上集合的聯集。

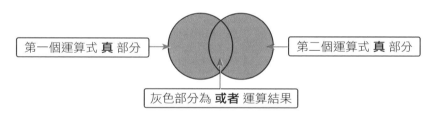

第一個運算式	第二個運算式	或者運算結果
真	真	真
真	假	真
假	真	真
假	假	假

2.5 綜合演練：溫度轉換計算機

觀賞歐美影片時，常見母親對正要上學的子女說：「今天只有 40 度，多穿件外套。」40 度多熱啊！還要穿外套？另一個場景：護士為病人量體溫，告訴病人體溫 97 度，正常。老天，體溫 97 度還正常？原來歐美是使用華氏溫度，與我們使用的攝氏溫度不同，本專案可讓使用者輸入華氏溫度，程式會將其轉換為攝氏溫度顯示。

華氏溫度轉換為攝氏溫度的公式：

攝氏溫度 = (華氏溫度 -32)*5/9

範例：華氏溫度轉換為攝氏溫度

使用者輸入華氏溫度後按 **溫度轉換** 鈕，就可將華氏溫度轉換為攝氏溫度。(**ch02\ex_F2C.aia**)

» 介面配置

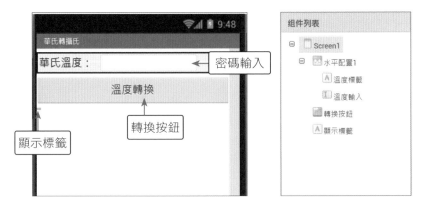

密碼輸入 元件只允許輸入數字，請將 **僅限數字** 屬性設定為核選。**顯示標籤** 元件的 **文字** 屬性清除為空白，程式開始執行時不會顯示。

» 程式拼塊

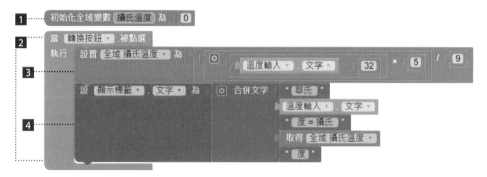

1 建立全域變數 **攝氏溫度** 儲存轉換後的攝氏溫度。

2 當使用者按 **溫度轉換** 鈕就執行此程式拼塊。

3 將華氏溫度轉換為攝氏溫度。

4 使用字串結合拼塊 (**合併文字** 拼塊) 顯示結果。

MEMO

程式拼塊與流程控制

執行程式有時需依情況不同而執行不同程式碼,其依據的原則就是「判斷式」。程式中用來處理重複工作的功能稱為「迴圈」,迴圈分為固定執行次數迴圈及不固定執行次數迴圈。

一般程式語言使用「陣列」來解決儲存大量同類型資料的問題,APP Inventor 2 則以清單代替陣列。清單可說是一群性質相同變數的集合,屬於循序性資料結構,清單中的資料是一個接著一個存放。

3.1 判斷式

執行程式通常是循序執行，就是依照程式碼一列一列依次執行；但有時需依情況不同而執行不同程式碼，其依據的原則就是「判斷式」。以日常生活為例，小明上學通常是搭捷運，但某天停電導致捷運無法行駛，小明等到七點半捷運仍未恢復正常，於是小明就改坐計程車以免上課遲到。小明的判斷式就是「七點半捷運是否正常行駛」，以決定搭乘何種交通工具。

3.1.1 單向判斷式

單向判斷式是檢查指定的條件式，當條件式為「真」時，就會執行判斷式內的程式拼塊，若條件式為「假」時，就直接結束單向判斷式拼塊。

單向判斷式拼塊位於 **內置塊** 項目的 **控制** 指令，拼塊的意義為「如果測試條件的結果為「真」，就執行程式區塊。」

例如當輸入的密碼是「1234」時就顯示「密碼正確！」訊息。

上述範例的條件式為比較運算，條件式也可以是邏輯運算，例如當成績在 80 到 89 分之間就給予「B 等第」。

單向判斷式拼塊的流程圖為：

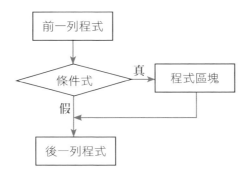

內嵌輸入項與外部輸入項拼塊排列方式

與 及 **或** 拼塊預設為 **內嵌輸入項** 排列，如果條件式的拼塊較為複雜，則拼塊會很冗長，造成閱讀障礙，例如：

可在邏輯拼塊上按滑鼠右鍵，於快顯功能表點選 **外部輸入項**：

兩個條件式就會分為兩列顯示，一目瞭然。

範例：單向判斷式

輸入的分數若大於或等於 60，會顯示「你過關了！」；若分數小於 60，將不會顯示任何訊息。(ch03\ex_if.aia)

» 介面配置

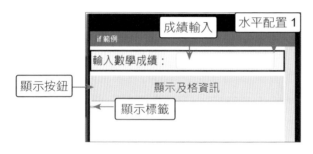 

顯示標籤 元件的 **文字** 屬性為空字串，用於顯示是否及格資訊。

» 程式拼塊

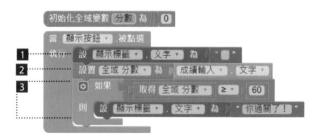

1. 清除顯示元件 **顯示標籤** 的內容：如果沒有清除顯示內容，當使用者第二次輸入時將會顯示上一次的殘留內容。

2. 取得使用者輸入的分數置於 **分數** 變數中。

3. 單向判斷式：檢查 **分數** 變數值若大於或等於 60 就執行 **則** 中的程式拼塊 (顯示通過訊息)，若小於 60 就直接離開單向判斷式，也就是未執行任何程式拼塊。

3.1.2 **雙向判斷式**

單向判斷式功能並不完整，因為當條件式為「假」時，程式也應該做些事來告知使用者，例如 3.1.1 節當使用者輸入分數小於 60 時，可顯示「不及格」告知使用者，此時可用雙向判斷式來達成任務。

雙向判斷式拼塊是在單向判斷式拼塊中按擴充項目圖示來建立：拖曳 **否則** 拼塊到 **如果** 拼塊內。雙向判斷式拼塊的意義為「如果測試條件的結果為「真」，就執行 **則** 的程式區塊；若測試條件的結果為「假」，就執行 **否則** 的程式區塊。」

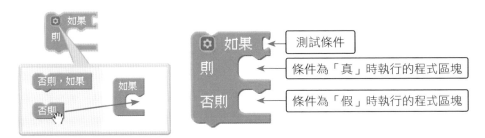

例如當輸入的密碼是「1234」時就顯示「密碼正確！」訊息；若輸入的密碼不是「1234」時就顯示「密碼錯誤！」訊息。

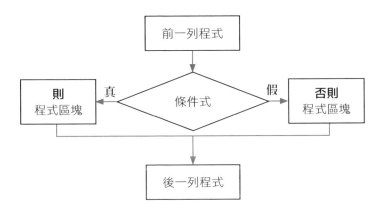

雙向判斷式拼塊的流程圖為：

```
          ┌──────────┐
          │ 前一列程式 │
          └──────────┘
                │
                ▼
  ┌──────┐  真  ◇     ◇  假  ┌──────┐
  │  則  │◀─────  條件式  ─────▶│ 否則 │
  │程式區塊│      ◇     ◇      │程式區塊│
  └──────┘                    └──────┘
      │                           │
      └───────────┬───────────────┘
                  ▼
          ┌──────────┐
          │ 後一列程式 │
          └──────────┘
```

範例：雙向判斷式

輸入的分數若大於或等於 60，會顯示「你過關了！」；若分數小於 60，則顯示「你被當了！」。(ch03\ex_ifelse.aia)

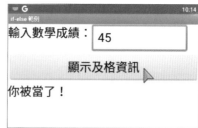

介面配置與 3.1.1 節範例完全相同。

» 程式拼塊

初始化全域變數 分數 為 0
當 顯示按鈕 . 被點選
執行 設 顯示標籤 . 文字 為 " "
　　設置 全域 分數 為 成績輸入 . 文字
　　如果 取得 全域 分數 ≥ 60
　　則 設 顯示標籤 . 文字 為 " 你過關了！ "
　　否則 設 顯示標籤 . 文字 為 " 你被當了！ "

1 雙向判斷式：檢查 **分數** 變數值若大於或等於 60 就執行 **則** 中的程式拼塊，若小於 60 則執行 **否則** 中的程式拼塊。

3.1.3 多向判斷式

其實，我們日常生活所碰到的狀況大部分不會如此單純，不是一個簡單的判斷式就能解決，例如成績的計算，成績單上通常會列出等第：90 分以上為優等、80-89 分為甲等、70-79 分為乙等，依此類推。

多向判斷式拼塊是在單向判斷式拼塊按擴充項目圖示來建立：拖曳 **否則，如果** 拼塊到 **如果** 拼塊內。每拖曳一次 **否則，如果** 拼塊就新增一個條件式，可視實際需要決定新增條件式的個數。

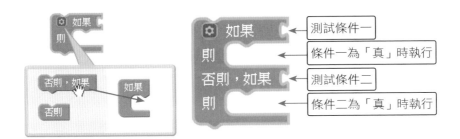

如果要加入所有條件都不成立時執行的程式區塊，可拖曳 **否則** 拼塊到最後一個 **否則，如果** 拼塊的下方，則當所有條件都不成立時，會執行 **否則** 中的程式拼塊。

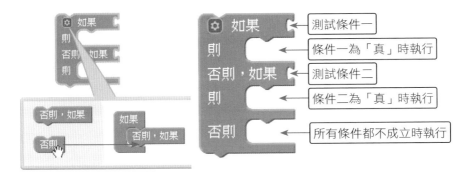

多向判斷式流程圖 (以兩個條件式為例)

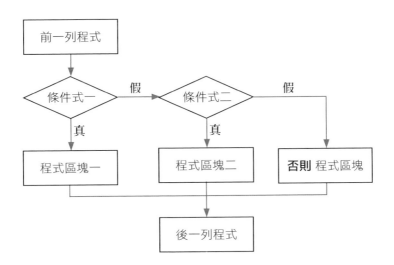

範例：多向判斷式

使用者輸入 90 分以上會得到 「優等」， 80-89 分會得到 「甲等」， 70-79 分會得到 「乙等」，60-69 分會得到「丙等」，60 分以下會得到「丁等」。(ch03\ex_multiIf.aia)

介面配置與 3.1.1 節範例完全相同。

» 程式拼塊

1 如果分數大於等於 90 顯示「你得到優等」。

2 如果分數大於等於 80 顯示「你得到乙等」：因為前一個條件是「分數大於等於 90」，如果分數大於等於 90，會執行前一條件的程式拼塊就離開判斷式，不會進行此條件判斷；必須前一條件 (分數大於等於 90) 不成立，才會進行本條件判斷，所以若本條件成立，就表示分數小於 90 且大於等於 80，此分數範圍得到甲等。

3 同理：分數小於 80 且大於等於 70 得到乙等，分數小於 70 且大於等於 60 得到丙等。

4 如果前面所有條件都不符合，就表示分數小於 60，因此得到丁等。

3.2 迴圈

我們時時刻刻都在從事重複的工作,例如每個月固定要繳水費、電費、電話費等,每天要檢查孩子功課是否完成等。重複執行特定工作是電腦最擅長的能力,如果能將重複工作利用電腦管理,將可減輕許多負擔。

程式中用來處理重複工作的功能稱為「迴圈」,迴圈分為固定執行次數及不固定執行次數。APP Inventor 2 提供的固定執行次數迴圈指令有 **對每個數字範圍** 迴圈及 **對於任意清單** 迴圈,因為 **對於任意清單** 迴圈需搭配清單使用,所以將在 3.3.2 節中說明;不固定執行次數迴圈則只有 **滿足條件** 迴圈。

3.2.1 **對每個數字範圍迴圈**

對每個數字範圍 是固定執行次數的迴圈,其拼塊位於 **內置塊** 項目的 **控制** 指令中:

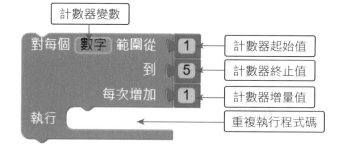

拼塊中 **數字** 是計數器變數名稱,程式中可由此變數取得計數器的數值;迴圈開始時會將計數器變數值設定為初始值,接著比較計數器變數值和終止值大小,如果計數器變數值小於或等於終止值就會執行 **執行** 區塊的程式拼塊。

執行完程式區塊後會將計數器變數值加上計數器增量值, 再比較計數器變數值和終止值大小,如果計數器變數值小於或等於終止值就會執行 **執行** 區塊的程式拼塊,如此週而復始,直到計數器變數值大於終止值才結束迴圈。

例如設定計數器變數為 **計數**,計數器初始值為 1,計數器終止值為 6,計數器增量值為 1,下圖拼塊的顯示結果為「1,2,3,4,5,6,」。

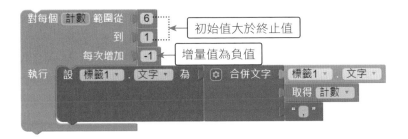

如果計數器的初始值大於終止值，則增量值為負就可讓計數器由大到小遞減，例如下圖拼塊的顯示結果為「6,5,4,3,2,1,」。

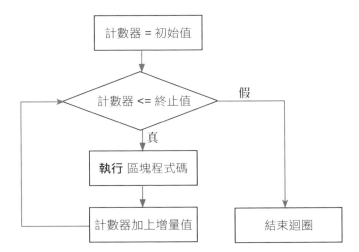

對每個數字範圍 迴圈的流程圖為：

計數器 = 初始值

計數器 <= 終止值 假

真

執行 區塊程式碼

計數器加上增量值

結束迴圈

範例：計算偶數和

使用者輸入大於 1 的整數，按 **顯示偶數和** 鈕會計算所有小於或等於輸入數值的偶數總和，例如輸入 10 就計算「2+4+6+8+10」，輸入 11 也是計算「2+4+6+8+10」。
(ch03\ex_evenSum.aia)

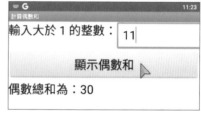

» 介面配置

» 程式拼塊

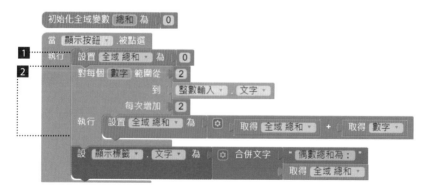

1 總和歸零：每次計算之前要將記錄加總的變數歸零，否則第二次計算時會將前次的總和計算在內。

2 **對每個數字範圍** 迴圈：以 2 做為初始值，每次遞增 2 就可取得所有偶數，**執行** 區塊是將所有計數器數值 (偶數) 累加就得到總和。

3.2.2 巢狀迴圈

APP Inventor 2 允許 **對每個數字範圍** 迴圈之中包含 **對每個數字範圍** 迴圈,即「巢狀迴圈」。例如使用兩個 1 到 9 的迴圈就可顯示九九乘法表:

使用巢狀迴圈可以節省大量程式碼,以一個拼塊就可完成複雜的工件,但使用時要特別留意,因其執行 **執行** 區塊程式碼的次數是每個迴圈執行次數的乘積,執行次數可能非常龐大,需耗費很大的系統資源,同時執行時間拉長,常常會讓使用者以為應用程式當機。例如:若內外迴圈各執行一千次,則實際執行將達一百萬次 (1000x1000=1000000)。

範例:井字三角形

本範例使用巢狀迴圈,以文字列印方式排列出文字直角三角形。執行時輸入三角形的層數後,按 **繪出三角形** 鈕就會以指定的層數列印井字三角形圖案。(ch03\ex_well.aia)

» 介面配置

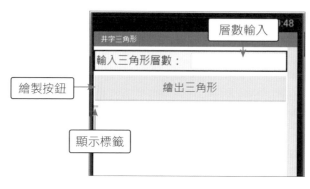

» 程式拼塊

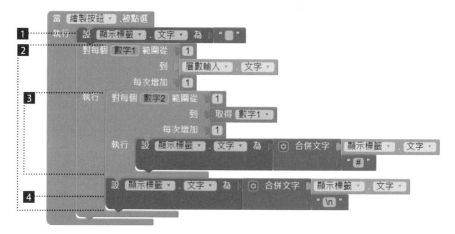

1 清除 **顯示標籤** 的內容,以免殘留上次執行結果。

2 外層迴圈:將使用者輸入的層數 (**層數輸入**) 做為迴圈終止值,就可根據使用者輸入數據執行指定次數。

3 內層迴圈:依據外層迴圈計數器的值 (**數字 1**) 決定列印井字號的次數,外層迴圈執行第一次時 **數字 1** 為 1,所以列印井字號一次,外層迴圈執行第二次 **數字 1** 為 2,所以列印井字號兩次,依此類推。

4 外層迴圈執行一次後就加入換列符號,如此外層迴圈執行一次就顯示一列。

3.2.3 滿足條件迴圈

對每個數字範圍 迴圈必須有初始值及終止值，因此其執行迴圈的次數是固定的，例如教師要輸入班級成績時，必須先得知班級人數才能使用 **對每個數字範圍** 迴圈輸入成績。事實上每個班級的人數不同，當教師要輸入多個班級成績的話，就要先輸入每個班級的人數，才能開始進行輸入工作。

滿足條件 迴圈是不固定執行次數的迴圈，其原理是檢查條件式是否成立做為執行程式區塊的依據，以前面輸入班級成績為例：當教師完成一個班級的成績輸入工作後，就輸入「-1」，當應用程式檢查成績為「-1」時，就知道這不是某位同學的成績 (因為成績沒有負數)，而是班級成績輸入結束的訊號。

滿足條件 迴圈拼塊位於 **內置塊** 項目的 **控制** 指令：

若測試條件的結果為「真」就執行 **執行** 區塊的程式拼塊，若測試條件的結果為「假」就結束 **滿足條件** 迴圈。例如 n 的值為 1，下圖拼塊是 n 的值每次增加 1，當 n 的值小於或等於 10 就進行累加，也就是「1+2+……+10」的總和。

```
初始化全域變數 總和 為 0
初始化全域變數 n 為 1
當 按鈕1 .被點選
執行   當 滿足條件   取得 全域 n ≤ 10
      執行   設置 全域 總和 為 ⚙ 取得 全域 總和 + 取得 全域 n
           設置 全域 n 為 ⚙ 取得 全域 n + 1
```

使用 **滿足條件** 迴圈時需留意條件式的設計，如果條件式使用不當，可能會讓程式流程永遠停留在 **滿足條件** 迴圈中，此種現象稱為「無窮迴圈」。例如使用迴圈計算 1 到 10 總和的例子，如果忘記將 n 的值加 1，則 n 的值永遠為 1，則條件式永遠為「真」，程式將一直在 **滿足條件** 迴圈中執行，永遠無法跳離迴圈。

右側標註：n 的值永遠是 1，所以此條件永遠成立

程式執行遇到無窮迴圈時，程式在執行一段時間後會產生錯誤訊息，程式將終止執行。

滿足條件 迴圈的流程圖為：

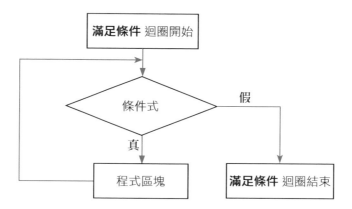

範例：存錢買筆電

小華要存錢買一台筆電，筆電的價格為 30000 元。使用者輸入月份存款金額後按 **顯示目前存款** 鈕，若存款仍不足，應用程式會在下方顯示目前存款總額及不足款項做為下個月的存款參考，若存款已達 30000 元則顯示可以購買筆電訊息。(ch03\ ex_while.aia)

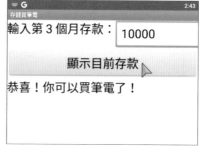

» 介面配置

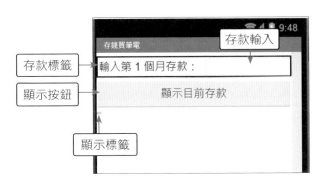 

存款標籤 元件的 **文字** 屬性在設計階段先設定為「輸入第 1 個月存款：」，使用者每輸入一筆存款後其月份會增加 1，這是以程式重新設定 **文字** 屬性值來達成。

» 程式拼塊

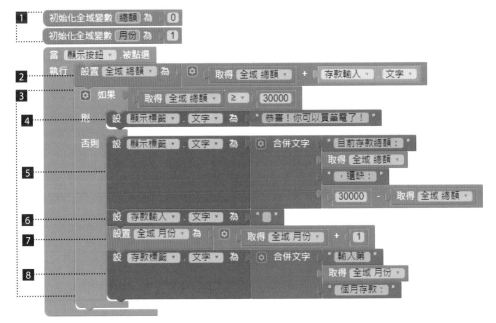

1 變數宣告：**總額** 儲存存款總數，**月份** 儲存月份。

2 計算存款總數：原來總數加上輸入數額。

3 檢查存款是否大於或等於 30000 做不同處理。

4 若存款大於或等於 30000 就顯示可買筆電訊息。

5 若存款小於 30000 就顯示目前存款及尚不足的款項。

6 清除輸入框方便下次輸入。

7 月份加 1。

8 更新中文提示：第一個字串為「輸入第」，第三個字串為「個月存款：」。
例如 **月份** 的值為 3，則顯示為「輸入第 3 個月存款：」。

3.3 清單 (Lists)

應用程式通常是以變數來儲存資料，如果有大量同類型的資料需要儲存時，必須宣告大量的變數，如此就要耗費數量龐大的拼塊，同時影響執行效率。例如一個班級有 30 位同學，每位同學有 8 科成績，程式至少要宣告 240 個變數來儲存，想想看要拖曳 240 次拼塊要消耗多少時間？在程式中又要如何精確的取用及設定某一特定的變數呢？

一般程式語言使用「陣列」來解決儲存大量同類型資料的問題，APP Inventor 2 則以 **清單** 代替陣列。清單可說是一群性質相同變數的集合，屬於循序性資料結構，清單中的資料是一個接著一個存放。宣告清單時需指定一個名稱，做為識別該清單的標誌；清單中的每一個資料稱為「元素」，每一個元素相當於一個變數，因為元素是依序儲存，利用元素在清單中的位置編號 (index) 就可輕易存取特定元素。

可以把清單想成是有許多相同名稱的盒子連續排列在一起，每個盒子有連續且不同的編號。使用者可將資料儲存在這些盒子中，如果要存取盒子中的資料時，只需知道盒子的編號即可存取盒子內的資料。

3.3.1 清單宣告

在使用清單之前需先宣告，宣告時要指定清單名稱，以後要使用此名稱來存取這個清單，並且要設定初始值。

宣告清單的方法是先宣告一個變數，再由拼塊區的 **內置塊** 項目拖曳 **清單** 指令中 **建立空清單** 建立一個不含初始值的清單，例如宣告一個名稱為 **姓名** ，不含初始值的清單：

> 初始化全域變數 姓名 為 ⚙ 建立空清單

使用 **內置塊** 項目的 **清單** 指令中 **建立清單** 則可以建立一個含有初始值的清單。預設的清單項目只有兩個，可以按 ⚙ 擴充項目圖示，拖曳 **清單項** 拼塊到 **清單** 拼塊中，加入更多的清單項目，或自 **清單** 拼塊中移除清單項目。

例如為 **姓名** 清單加入三個元素，其值分別為黃小明、蔡大林及陳美麗。

清單元素的順序為索引值 (index)，第一個元素的索引值為 1，第二個元素的 索引值為 2，依此類推。將來要存取清單中的元素值時，就利用這些索引值做為指標。

取得清單元素值

宣告清單並設定初始值後，如何取得清單中指定的元素值呢？使用 **內置塊** 的 **清單** 指令 **選擇清單項** 拼塊即可：**清單** 拼塊填入處加入要取得資料的清單名稱，**索引值** 拼塊填入處加入元素的索引值。

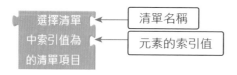

例如下圖是取得 **姓名** 清單第二個元素的值並置於 **學生姓名** 變數中，執行後 **學生姓名** 變數的值為「蔡大林」。

使用 **選擇清單項** 拼塊取得清單元素值時，要特別注意指定的索引值，如果使用 0 或超過清單範圍的索引值，在設計階段不會產生錯誤，但程式執行時會產生錯誤並終止程式執行，不可不慎！

範例：顯示清單元素值

輸入學生座號就會顯示該學生的成績，如果座號不存在則顯示提示訊息。
(ch03\ex_listsShow.aia)

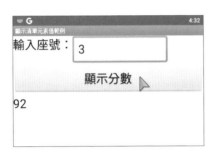 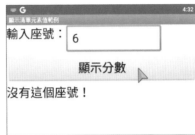

» 介面配置

» 程式拼塊

1. 宣告清單：宣告 **分數清單** 清單儲存學生分數，並加入初始值。第一個元素是 1 號學生成績，第二個元素是 2 號學生成績，依此類推。共有 4 個學生成績。

2. 按 **顯示分數** 鈕後處理拼塊：

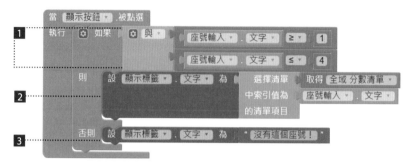

1 檢查輸入值是否在 1 與 4 之間 (因為只有 4 個學生)。

2 如果座號存在就依據座號取出學生成績。

3 如果座號不存在就顯示「沒有這個座號！」訊息。

3.3.2 對於任意清單迴圈

對於任意清單 迴圈的功能與 **對每個數字範圍** 迴圈類似，都是執行固定次數指定的程式區塊。不同處在於 **對每個數字範圍** 迴圈的執行次數是由初始值與終止值決定，而 **對於任意清單** 迴圈則是專為清單設計的迴圈，其執行次數是由清單的元素個數決定，**對於任意清單** 迴圈會依序對清單中每一個元素執行一次程式區塊中的程式碼。

對於任意清單 迴圈位於 **內置塊** 的 **控制** 指令：

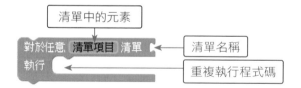

預設會產生區域變數參數，名稱為 **清單項目** 的拼塊。**清單項目** 是清單的元素，程式中可由此變數取得元素值，接著執行 **執行** 區塊的程式碼。執行完程式區塊後 **清單項目** 會取得下一個元素值，再執行 **執行** 區塊的程式碼，如此週而復始，直到所有元素都執行程式區塊才結束迴圈。

例如 **分數清單** 清單有 4 個元素，元素值分別為 90、73、76、89，下圖拼塊的顯示結果為「90,73,76,89,」。

範例：顯示全部清單元素值

按 **清單元素** 鈕後，程式會使用 **對於任意清單** 迴圈顯示清單中所有元素的值。

(ch03/ex_foreach.aia)

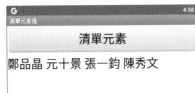

» 介面配置

» 程式拼塊

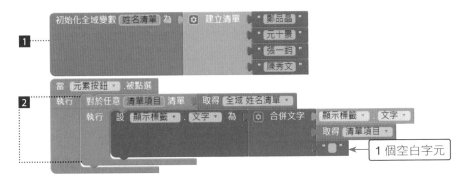

1 宣告清單變數：元素為 4 個姓名。

2 以 **對於任意清單** 迴圈顯示元素：顯示時在每個姓名後加上空白字元，做為區別每個姓名的間隔。

3.3.3 清單選擇器元件

以 **對於任意清單** 迴圈顯示清單元素值,呈現的版面外觀需自行設計,也無法讓使用者點選清單中的元素。**清單選擇器** 元件使用美觀的表列形式顯示清單元素值,同時可讓使用者在表列中點選,元件會傳回使用者選取的元素值。

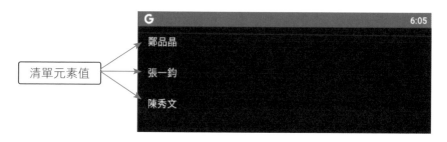

清單選擇器 元件屬於 **使用者介面** 元件,常用屬性有:

屬性	說明
元素	設定清單元素值,只能在程式拼塊中設定此屬性。
元素字串	設定清單元素值,元素值間以逗號分隔。
啟用	設定元件是否可用。
粗體	設定文字是否顯示粗體。
斜體	設定文字是否顯示斜體。
字體大小	設定文字大小,預設值為「14」。
字形	設定文字字形。
圖像	設定元件顯示的圖形。
項目背景顏色	設定元素顯示時的背景顏色。
項目文字顏色	設定元素顯示時的文字顏色。
選中項	設定選取的元素。
形狀	設定元件顯示的外觀形狀。
文字	設定顯示的文字。
文字對齊	設定文字對齊方式。
文字顏色	設定文字顏色。
標題	設定清單標題。
可見性	設定是否在螢幕中顯示元件。

元素字串 屬性可設定清單元素值，元素值之間以逗號分開，例如設定 **元素字串** 屬性值為「鄭品晶,張一鈞,陳秀文」，會建立三個元素，第一個元素為鄭品晶、第二個元素為張一鈞、第三個元素為陳秀文。

通常清單元素值是在拼塊編輯頁面以程式拼塊設定，因此在拼塊編輯頁面多一個畫面編排頁面沒有的屬性：**元素**，用於程式拼塊中指定 **清單選擇器** 元件的清單來源。例如設定 **清單選擇器** 元件的來源是 **姓名** 清單：

設 [清單選擇器1 ▾] . [元素 ▾] 為　取得 [全域 姓名 ▾]

執行時點選 **清單選擇器** 元件就會顯示 **姓名** 清單的所有元素。

形狀 屬性可設定 **清單選擇器** 元件的外觀形狀，屬性值有 **預設**、**圓角**、**方形** 及 **橢圓** 四種，對應的形狀如下：

顯示清單元素	顯示清單元素	顯示清單元素	顯示清單元素
▲ 預設	▲ 圓角	▲ 方形	▲ 橢圓

清單選擇器 元件常用的事件及方法有：

事件或方法	說明
選擇完成 事件	使用者點選 **清單選擇器** 元件的元素後觸發本事件。
準備選擇 事件	使用者點選 **清單選擇器** 元件後，尚未顯示 **清單選擇器** 元件的元素值前觸發本事件。
開啟選取器 方法	顯示 **清單選擇器** 元件的元素值。

當使用者點選 **清單選擇器** 元件後，在尚未顯示 **清單選擇器** 元件的元素值前會觸發 **準備選擇** 事件，所以常將設定 **清單選擇器** 元件的資料項目來源置於 **準備選擇** 事件中。而 **選擇完成** 事件幾乎是每一個 **清單選擇器** 元件都會使用的事件，因為使用者點選 **清單選擇器** 元件的元素後，需靠 **選擇完成** 事件做為後續處理。

開啟選取器 方法的作用相當於使用者點選 **清單選擇器** 元件，會以表列形式顯示 **清單選擇器** 元件的元素值，只是是以程式拼塊的方式啟動。

範例：以清單選擇器元件顯示元素值

使用者按 **手動顯示清單元素** 鈕時，應用程式會以按下 **清單選擇器** 元件方式顯示清單元素，使用者點選元素後返回原頁面，選取的元素值會顯示於頁面下方。使用者按 **程式顯示清單元素** 鈕的操作方式及結果皆與按 **手動顯示清單元素** 鈕時相同，只是程式拼塊是使用 **清單選擇器** 元件的 **開啟選取器** 方法運作。

`(ch03\ex_listPicker.aia)`

» 介面配置

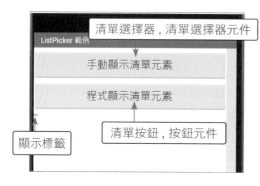

» 程式拼塊

1. 宣告有三個姓名的 **姓名清單** 清單。

2. 使用者按 **清單選擇器** 或 **按鈕** 的處理程式拼塊。

1 ······ 當 清單選擇器 ▾ .準備選擇
　　　執行 設 清單選擇器 ▾ . 元素 ▾ 為 取得 全域 姓名清單 ▾

2 ······ 當 清單選擇器 ▾ .選擇完成
　　　執行 設 顯示標籤 ▾ . 文字 ▾ 為 ⊙ 合併文字 " 你選擇的是： "
　　　　　　　　　　　　　　　　　　　　　 清單選擇器 ▾ . 選中項 ▾

3 ······ 當 清單按鈕 ▾ .被點選
　　　執行 呼叫 清單選擇器 ▾ .開啟選取器

1 **準備選擇** 事件：設定 **清單選擇器** 元件的清單來源。

2 **選擇完成** 事件：顯示使用者選取的元素值，選取的元素值儲存於 **清單選擇 器** 元件的 **選中項** 屬性中。

3 程式顯示清單元素：以 **清單選擇器** 元件的 **開啟選取器** 方法顯示清單元素。

3.3.4 管理清單

清單宣告並給予初始值後，可依需要改變清單的內容，如新增、修改、刪除元素、 複製整個清單等。所有管理清單的指令都位於 **內置塊** 的 **清單** 指令中。

以下範例中的 **分數清單** 清單中都含有 3 個元素，元素值依序為 60、70、80。

新增清單元素

在清單增加元素有兩種情況：第一種是將元素加在清單的最後面，拼塊為：

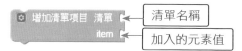

⊙ 增加清單項目　清單 ◀── 清單名稱
　　　　　　　　item ◀── 加入的元素值

例如在 **分數清單** 清單最後加入一個元素，其值為 90 (**分數清單** 的值為 60、70、 80、90)：

⊙ 增加清單項目　清單 取得 全域 分數清單 ▾
　　　　　　　　item 90

也可以同時在清單最後添加多個元素，例如：

⊙ 增加清單項目　清單 取得 全域 分數清單 ▾
　　　　　　　　item 90
　　　　　　　　item 85
　　　　　　　　item 75

第二種是在清單任意位置加入元素，拼塊為：

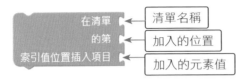

例如在 **分數清單** 清單加入一個元素做為第 2 個元素，其值為 90 (**分數清單** 的值為 60、90、70、80)：

使用在指定位置加入元素功能時，一次只能加入一個元素；並且要注意若指定加入的位置不存在，執行時會產生錯誤。

移除清單元素

當清單中元素不再使用時，可將其移除，移除清單元素的拼塊為：

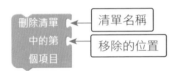

例如移除 **分數清單** 清單的第 2 個元素 (**分數清單** 的值為 60、80)：

如果指定刪除位置的元素不存在，執行時會產生錯誤。

修改清單元素值

APP Inventor 2 使用新值覆蓋掉舊值的方式來修改元素值，其拼塊為：

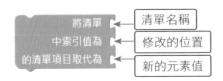

例如修改 **分數清單** 清單的第 2 個元素值為 85 (**分數清單** 的值為 60、85、80)：

搜尋清單元素

如果要尋找某個元素值在清單中的位置，可用 **搜尋清單項索引值** 拼塊：

例如尋找元素值為 80 在 **分數清單** 清單的位置，下圖拼塊的傳回值為 3。

如果尋找的元素值不存在，將傳回 0。

結合清單

有時需要將整個清單中的元素全部加到另一個清單中，也就是將兩個清單結合為一個清單。結合清單的拼塊為：

要加入元素的清單名稱 (清單二)
被加入元素的清單名稱 (清單一)

會將 **清單二** 的元素加到 **清單一** 的最後位置。

例如 **分數清單 2** 清單含有 3 個元素，其元素值為 85、95、63；下圖拼塊是將 **分數清單 2** 清單加在 **分數清單** 清單最後 (執行後 **分數清單** 的值為 60、70、80、85、95、63)：

複製清單

清單可以複製來建立另一個完全相同的清單，複製之前需先宣告一個清單變數，例如宣告一個名稱為 **清單複本** 的清單變數：

初始化全域變數 清單複本 為 ⚙ 建立空清單

複製清單的拼塊為：

複製清單 清單 ← 被複製的清單名稱

例如將 **分數清單** 清單複製給 **清單複本** 清單：

設置 全域 清單複本 ▼ 為 複製清單 清單 取得 全域 分數清單 ▼

取得元素個數

要得知清單中有多少元素，可使用下列拼塊：

求清單的長度 清單 ← 清單名稱

例如取得 **分數清單** 清單的元素個數，傳回值為 3。

求清單的長度 清單 取得 全域 分數清單 ▼

取得清單的元素個數是清單最常使用的功能，例如若用 **對每個數字範圍** 迴圈處理清單時，元素個數就是終止值；為清單新增、刪除、修改元素時，為避免指定的元素位置不存在，可用元素個數檢查清單的位置範圍。

清單管理的功能繁多，以下範例僅以新增元素做為示範，其餘功能的設計方式與新增元素雷同。

範例：插入清單元素

資料內容 欄輸入資料後按 **插入資料** 鈕，若 **資料位置** 欄的數值在有效範圍，會將資料插入指定位置，若數值超出範圍則顯示提示訊息。若 **資料位置** 欄未輸入數值，會將資料插在清單最後。(ch03\ex_listInsert.aia)

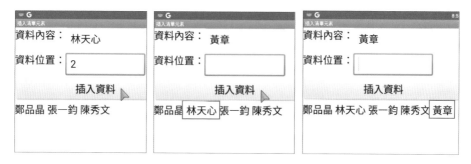

» 介面配置

» 程式拼塊

1. 清單宣告及顯示。

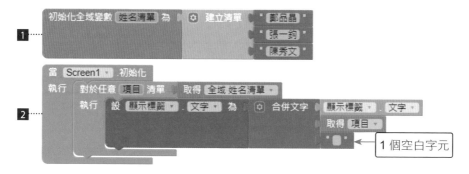

1 宣告清單變數：內容為 3 個姓名。

2 程式執行就使用 **對於任意清單** 迴圈顯示 **姓名清單** 清單內容，讓使用者可以觀察新增元素前後的內容。

2. 使用者按 **插入資料** 的處理程式拼塊。

1 檢查 **資料位置** 欄是否有輸入。

2 如果 **資料位置** 欄沒有輸入資料，就使用 **增加清單項目** 拼塊將輸入的資料加在清單最後，成為最後一筆資料。

3 使用 **對於任意清單** 迴圈顯示 **姓名清單** 清單內容，讓使用者觀察資料確實已經加在清單的最後。

4 如果 **資料位置** 欄有輸入資料就檢查輸入位置是否為有效範圍：由 1 到清單筆數加 1 (如果是清單筆數加 1，就是加在清單最後)。

5 如果輸入位置在有效範圍內，就使用 **插入清單項** 拼塊將輸入的資料加在使用者指定的位置。

6 使用 **對於任意清單** 迴圈顯示 **姓名清單** 清單內容，讓使用者觀察資料確實已經加在指定位置。

7 如果輸入位置不在有效範圍內，就顯示提示訊息。

本範例為精簡程式拼塊，並未檢查 **資料內容** 欄是否有輸入資料，若 **資料內容** 欄未輸入資料就按 **插入資料** 鈕，程式不會發生錯誤，而是插入一筆沒有內容的資料，您可以自行嘗試加入檢查 **資料內容** 欄是否有輸入資料的程式拼塊。

眼尖的讀者可能注意到：使用 **對於任意清單** 迴圈顯示清單內容的程式拼塊出現三次，佔據相當多程式拼塊空間。重複使用的程式拼塊，難道不能只建立一次，然後用於不同地方嗎？答案當然是肯定的，那就是「程序」，下一章將詳細介紹如何建立自訂程序，及如何使用系統內建的程序，將可大幅減少程式拼塊。

3.4 綜合演練：理想體重測量器

BMI 值稱為身體質量指標，是一個簡易判斷身體胖瘦程度的方法。計算 BMI 值的公式是體重 (單位為公斤) 除以身高 (單位為公尺) 的平方：

$$BMI = 體重 / 身高^2$$

BMI值在 18.5 到 24 之間表示體重正常，若小於 18.5 表示太輕，若大於 24 表示過重。

執行本範例後，使用者輸入身高及體重後按 **計算 BMI** 鈕，程式會以不同顏色來顯示結果，讓使用者對自己的體重狀況一目了然。結果也會列出理想體重範圍，做為使用者調整體重的參考。

本範例將顯示訊息及顯示顏色分別置於清單中，再依計算結果取出對應的元素。

範例：理想體重測量器

使用者輸入身高及體重後按 **計算 BMI** 鈕，程式會計算使用者的 BMI 值。如果體重在正常範圍，會以綠色顯示結果，表示身體健康；若體重太輕，會以藍色顯示結果，表示需注意身體狀況；若體重太重，則以紅色顯示結果，表示身體可能出現狀況，務必多運動。(ch03\ex_idealBMI.aia)

理想體重測量器	理想體重測量器	理想體重測量器
身高(CM)： 177	身高(CM)： 177	身高(CM)： 177
體重(Kg)： 70	體重(Kg)： 50	體重(Kg)： 80
計算BMI	計算BMI	計算BMI
你的 BMI 值為 22.34352 恭喜！很健康。 理想體重： 57.95865 到 75.1896 公斤	你的 BMI 值為 15.95965 太瘦了！多吃點。 理想體重： 57.95865 到 75.1896 公斤	你的 BMI 值為 25.53545 過重了！多運動。 理想體重： 57.95865 到 75.1896 公斤

» 介面配置

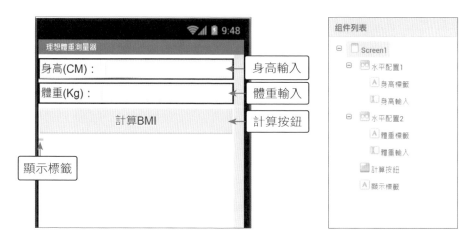

» 程式拼塊

1. 宣告全域變數及清單。

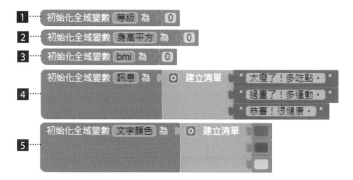

1 全域變數 **等級** 儲存 BMI 值等級：1 表示太輕，2 表示過重，3 表示正常。

2 全域變數 **身高平方** 儲存以公尺為單位身高值的平方，只要以體重除以此變數值就可取得 BMI 值。

3 全域變數 **bmi** 儲存 BMI 值。

4 清單 **訊息** 儲存 BMI 值訊息。

5 清單 **文字顏色** 儲存顯示 BMI 值訊息的顏色。

2. 使用者按 **計算 BMI** 鈕的處理程式拼塊。

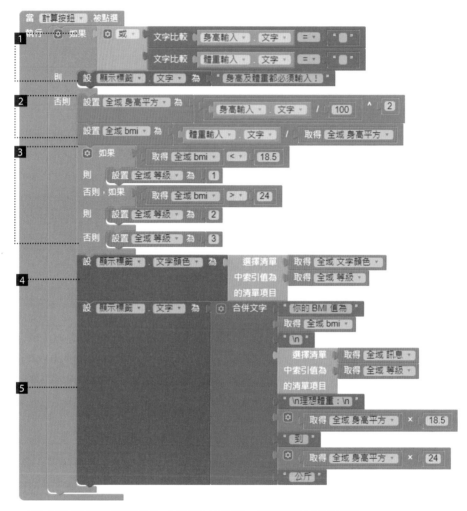

1️⃣ 身高及體重都有輸入才計算 BMI 值，否則顯示提示訊息。

2️⃣ 先計算以公尺為單位身高值的平方 (**身高平方**)，再計算 BMI 值。

3️⃣ 依計算得到的 BMI 值設定 BMI 值等級 (**等級**)：1 表示太輕，2 表示過重，
3 表示正常。

4️⃣ 依 BMI 值等級由 **文字顏色** 清單中取出對應的顏色。

5️⃣ 顯示結果：首先顯示 BMI 值，再依 BMI 值等級由 **訊息** 清單中取出對應的
訊息，最後計算理想體重的範圍。

自訂程序及內建程序

通常會將具有特定功能或經常重複使用的程式拼塊，撰寫成獨立的小單元，稱為「程序」。

程序分為無傳回值的程序 (其他語言稱為「副程式」) 及有傳回值的程序 (其他語言稱為「函式」)。APP Inventor 2 已為許多好用功能建立了程序，設計者可以直接使用，經由此種途徑，相當於設計者擁有許多功能強大的工具，可以輕易設計出各種符合需求的應用程式。

4.1 對話框元件

應用程式在執行過程中常會需要顯示一些訊息告知使用者必要資訊，此訊息在顯示後會自動消失而不干擾使用者操作；或者有時在顯示訊息時需要與使用者互動，再根據使用者的回應內容做適當處理，這些功能都可用 **對話框** 元件達成。

4.1.1 對話框元件特性

功能說明

對話框 元件屬於 **使用者介面** 類別，而且是非可視組件，即執行時此元件不會在螢幕中顯示，而是需要時以對話方塊形式展現。設計階段將 **對話框** 元件拖曳到工作面板區時，元件會置於最下方非可視組件區，表示此為不會顯示的元件。

對話框 元件可用多種方式顯示訊息：如顯示訊息一段時間後再自動消失、單純對話方塊顯示訊息、互動式對話方塊顯示訊息等。

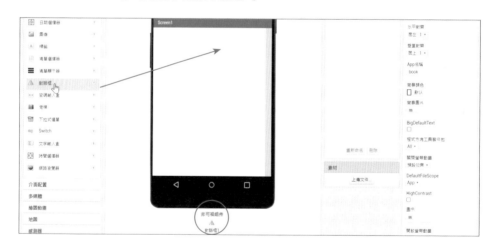

屬性、事件及方法

對話框 元件常用的屬性、事件及方法有：

屬性、事件或方法	說明
顯示時間長度 屬性	設定顯示訊息顯示的時間。
文字顏色 屬性	設定顯示訊息的文字顏色。
選擇完成 事件	使用者按對話方塊中的按鈕後觸發本事件。

屬性、事件或方法	說明
輸入完成 事件	使用者在對話方塊中輸入文字，再按 **OK** 鈕後觸發本事件。
顯示警告訊息 方法	顯示訊息，該訊息隨後會自行消失。
顯示選擇對話框 方法	顯示兩個按鈕的對話方塊，按任一按鈕後對話方塊都會消失。
顯示訊息對話框 方法	顯示訊息對話方塊，按對話方塊中的按鈕後對話方塊才消失。
顯示文字對話框 方法	顯示可輸入文字對話方塊，按 **OK** 鈕後對話方塊消失。
ShowPasswordDialog 方法	顯示可輸入密碼的文字對話方塊，按 **OK** 鈕後對話方塊消失。

4.1.2 顯示訊息

單純顯示訊息告知使用者而未與使用者互動的方法有兩個：**顯示警告訊息** 及 **顯示訊息對話框**。

顯示警告訊息方法

顯示警告訊息 方法會在螢幕中央顯示指定的訊息，此訊息會在數秒後自動消失，利用 **顯示時間長度** 屬性可以設定訊息顯示的時間。**顯示警告訊息** 方法的拼塊為：

例如顯示的訊息為「這是對話框警告訊息」：

執行結果為：

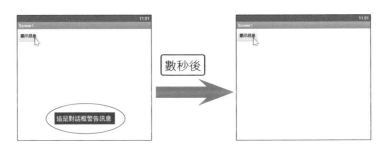

顯示訊息對話框方法

顯示警告訊息 方法的最大好處是顯示完訊息後會自動消失,完全不需要使用者操作,因此可在不影響程式運作情況下將訊息傳達給使用者。**顯示警告訊息** 方法顯示的訊息雖然方便,有時會因使用者的疏忽而沒有看到,如果要確定使用者必定會看到訊息,則可使用 **顯示訊息對話框** 方法。

顯示訊息對話框 方法會彈出一個對話方塊來顯示訊息,此訊息會一直存在,直到使用者按對話方塊中的按鈕才會消失。

顯示訊息對話框 拼塊為:

例如顯示訊息為「這是 顯示訊息對話框 訊息」,標題為「警告」,按鈕名稱為「確定」:

執行結果為:

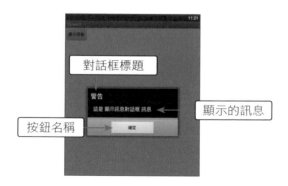

使用 **顯示訊息對話框** 方法時，要特別留意：當程式執行到 **顯示訊息對話框** 方法並彈出對話方塊後，程式並不會停下等使用者查看訊息及關閉對話方塊才向下執行，而是立刻繼續執行。例如：

在程式拼塊中， **顯示訊息對話框** 方法開啟對話方塊後，尚未按下 **確定** 鈕， **標籤** 元件已顯示「這是下一列訊息」，執行結果為：

由上圖可看出雖然對話方塊尚未關閉，**顯示訊息對話框** 方法的下一列程式拼塊已經執行。

範例：訊息顯示

未輸入姓名就按 **顯示短暫訊息** 鈕或 **顯示對話方塊** 鈕，會顯示「請輸入姓名！」提示訊息；輸入姓名再按鈕，會顯示所輸入的姓名。按 **顯示短暫訊息** 鈕，訊息會在顯示後數秒自動消失；按 **顯示對話方塊** 鈕，訊息以對話方塊呈現，使用者按下對話方塊中的按鈕才會關閉對話方塊。(ch04\ex_ShowAlert.aia)

» 介面配置

» 程式拼塊

1. 顯示短暫訊息。

■1 按 **短暫訊息** 鈕執行的程式拼塊。

■2 檢查 **姓名** 欄是否有輸入。

■3 如果 **姓名** 欄沒有輸入就以 **顯示警告訊息** 方法顯示提示訊息。

■4 如果 **姓名** 欄有輸入就以 **顯示警告訊息** 方法顯示姓名。

2. 顯示對話方塊。

■1 按 **對話方塊** 鈕執行的程式拼塊。

■2 檢查 **姓名** 欄是否有輸入，如果 **姓名** 欄有輸入就以 **顯示訊息對話框** 方法顯示姓名，如果 **姓名** 欄沒有輸入就以 **顯示訊息對話框** 方法顯示提示訊息。

4.1.3 互動式對話方塊

顯示警告訊息 及 **顯示訊息對話框** 方法只能顯示訊息，無法接收使用者看了訊息所做的回應。如果要讓使用者可以回應訊息，並且對回應做後續處理，需使用 **顯示選擇對話框** 或 **顯示文字對話框** 方法。

顯示選擇對話框方法

顯示選擇對話框 方法會彈出一個對話方塊來顯示訊息，對話方塊中有兩個自訂名稱按鈕及一個 **允許取消** 按鈕，使用者按下按鈕後對話方塊就消失，此時會觸發 **選擇完成** 事件，同時將使用者按下的按鈕值傳入，設計者可在 **選擇完成** 事件中做後續處理。

顯示選擇對話框 方法的拼塊為：

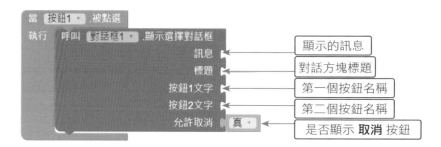

顯示選擇對話框 方法最常使用於刪除資料或檔案時，利用對話方塊提供使用者確認刪除的機會，以免使用者不小心刪除重要資料，例如：

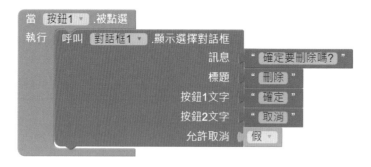

執行結果為：

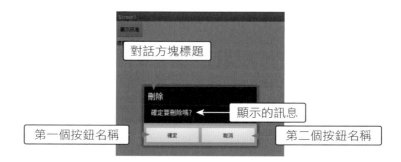

深入解析

注意 **允許取消** 參數是一個邏輯常數值，若設定為 **真** (預設值)，對話方塊中會自動增加一個名稱為 **取消** 的按鈕；若設定為 **假**，將不會產生名稱為 **取消** 的按鈕。通常設計者會自行建立中文名稱為「取消」的按鈕，所以**允許取消** 參數值通常設定為 **假**。

使用者按下按鈕會觸發 **選擇完成** 事件，**選擇完成** 事件的拼塊為：

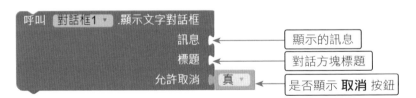

接收按鈕名稱的參數

例如若按下名稱為 **確定** 的按鈕後，在 **選擇完成** 事件中顯示檔案被刪除的訊息。

顯示文字對話框方法

有時希望使用者回應的內容不是選取按鈕，而是具體的文字內容，此時就可使用 **顯示文字對話框** 方法。**顯示文字對話框** 方法會彈出一個對話方塊來顯示訊息，對話方塊中有一個文字輸入盒，使用者可在文字輸入盒中輸入文字，按下 **OK** 鈕後對話方塊就消失，接著會觸發 **輸入完成** 事件，同時將使用者輸入的文字傳入，設計者可在 **輸入完成** 事件中做後續處理。**顯示文字對話框** 方法也有 **允許取消** 參數，可設定是否顯示 **取消** 按鈕。

顯示文字對話框 方法的拼塊為：

顯示的訊息
對話方塊標題
是否顯示 **取消** 按鈕

例如當使用者未輸入姓名時，在對話方塊中讓使用者輸入姓名：

執行結果為:

使用者按下 **OK** 鈕會觸發 **輸入完成** 事件,**輸入完成** 事件的拼塊為:

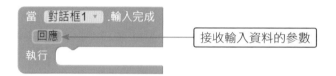

例如輸入姓名後,按下 **OK** 鈕後在 **輸入完成** 事件中顯示使用者輸入的姓名訊息。

範例:互動式對話方塊

如果未輸入姓名就按 **顯示對話方塊** 鈕,會彈出對話方塊讓使用者輸入姓名;若輸入姓名後按 **顯示對話方塊** 鈕,在對話方塊中按 **確定** 鈕就在下方顯示姓名,按 **取消** 鈕則會清除所有訊息讓使用者重新輸入。(ch04\ex_TextDialog.aia)

» 介面配置

» 程式拼塊

1. 按下 **顯示對話方塊** 按鈕。

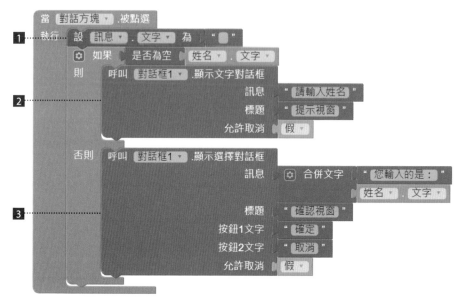

1 清除顯示訊息,避免前次的訊息殘留。

2 如果未輸入姓名就使用 **顯示文字對話框** 方法讓使用者輸入姓名。

3 如果輸入姓名就使用 **顯示選擇對話框** 方法讓使用者確認。

2. 按下選項後。

1 **顯示文字對話框** 方法的後續處理事件，顯示使用者輸入的姓名。

2 **顯示選擇對話框** 方法的後續處理事件。

3 檢查是否按 **確定** 鈕。

4 如果按 **確定** 鈕就顯示使用者輸入的姓名。

5 如果不是按 **確定** 鈕（即按 **取消** 鈕），就清除輸入文字框的內容讓使用者重新輸入。

4.2 程序

在較大型的應用程式中，常會有許多需要重複執行的程式碼，如果每次都加入這些程式碼，將使程式拼塊非常龐大。在開發時通常會將具有特定功能或經常重複使用的程式拼塊，撰寫成獨立的小單元，稱為「程序」。每個程序會有一個名稱，當程式需要使用程序時，呼叫程序名稱就可執行該程序的程式拼塊。

程序分為無傳回值的程序 (其他程式語言稱為「副程式」) 及有傳回值的程序 (其他程式語言稱為「函式」)。

4.2.1 無傳回值程序 (副程式)

建立無傳回值的程序

建立無傳回值程序的方法是在 **內置塊** 功能點按 **過程**，再按 **定義程序 程序名 執行** 拼塊即可，預設的程序名稱是 **程序名**，使用者可以更改程序名稱。

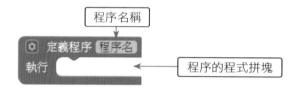

預設的程序並未含參數，如果要加入參數，可以如下操作：

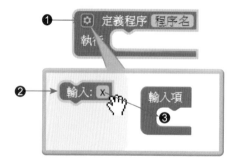

❶ 點選 回 擴充項目圖示開啟參數。

❷ 預設的參數名稱為 x，可以更改參數名稱，然後將拼塊拖曳到 **輸入項** 拼塊中。

❸ 參數拼塊區，也可以加入多個參數。

輸入 x 拼塊是程序設定的參數，程序可以沒有參數，也可以有一個以上參數，要刪除參數只要將參數從 **輸入項** 拼塊中拖離即可。此外，參數也可以使用清單。

以滑鼠左鍵按 **程序名** 文字，**程序名** 會呈現反白，可輸入新的程序名稱，例如「**歡迎光臨**」。按參數名稱 **x**，**x** 會呈現反白，可輸入新的參數名稱，例如「**姓名**」。

例如建立一個 「**歡迎光臨**」 程序，傳入的參數是使用者的姓名，功能是根據傳入姓名顯示歡迎訊息。

定義程序 歡迎光臨 姓名
執行 設 標籤1 . 文字 為 合併文字 取得 姓名
" ，歡迎來到App Inventor! "

只要將滑鼠移到參數名稱「**姓名**」 上，即會出現 **取得** 和 **設置** 拼塊，拖曳該拼塊即可使用該參數。

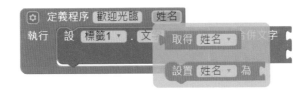

呼叫無傳回值的程序

程序建立完成後，就可在事件中呼叫程序來執行程序中的程式拼塊。呼叫無傳回值程序的方法是在 **內置塊** 功能點按 **過程**，再按 **呼叫 程序名稱** 拼塊。

例如在 **按鈕1** 的 **被點選** 事件中呼叫前述建立的 **歡迎光臨** 程序，同時傳入「**李小明**」做為參數：

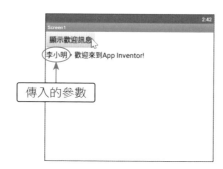

執行結果為：

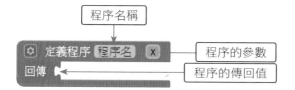

4.2.2 有傳回值程序 (函式)

建立有傳回值的程序

建立有傳回值程序的方法是在 **內置塊** 功能點按 **過程**，再按 **定義程序 程序名 回傳** 拼塊即可。

程序名稱、參數及程式拼塊使用方法皆與無傳回值程序相同，此處多一個 **回傳** 拼塊 填入處是設定程序的傳回值。

例如建立一個「**兩數相加**」 程序，傳入的參數是兩個數值，功能是計算兩個參數的 總和，再將總和傳回。

如果傳回值的運算很容易由參數運算而得，可以直接將運算式置於 **回傳** 拼塊中，讓程式拼塊更精簡，如上圖。

但在多數的程序中，必須在程序中宣告變數，利用變數作運算，最後再將運算結果傳回。最好的做法是在程序中以 **內置塊 / 變量 / 初始化區域變數 變數名 為** 宣告區域變數 (也可以宣告全域變數，但不是最好的方式)，並從 **內置塊 / 控制** 中，加入 **執行 回傳結果** 拼塊。如下：

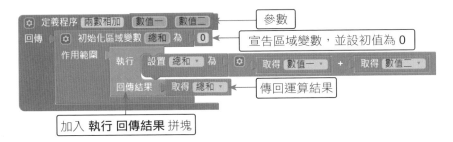

在程序中宣告的區域變數，它的使用範圍僅在該程序中，程序外部並無法使用此區域變數，有時候為了程式簡便，可以使用全域變數代替，但這並不是程序中使用變數最佳的方式。

呼叫有傳回值的程序

呼叫有傳回值程序的方法與呼叫無傳回值程序的方法完全相同，差別只在呼叫有傳回值程序的方法時，要有一個變數來接收程序的傳回值。例如在 **按鈕 1** 的 **被點選** 事件中呼叫前述建立的 「**兩數相加**」 程序，傳入的參數為 34 及 12，使用變數 **結果** 來接收傳回值，最後在 **標籤 1** 標籤上顯示傳回值：

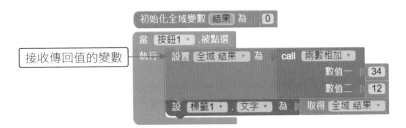

如果在程式其他地方並未使用接收傳回值的變數，也可以省略接收的變數，直接使用傳回值，例如上面例子可簡化為：

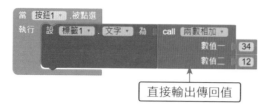

直接輸出傳回值

執行結果為：

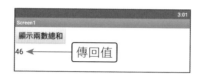

傳回值

範例：求三角形面積

計算三角形面積的公式是「面積 =(底 * 高) / 2」，請您設計一個自訂函式，讓使用者輸入底和高後按 **求三角形面積** 鈕計算出面積。(**ch04\ex_Triangle.aia**)

» 介面配置

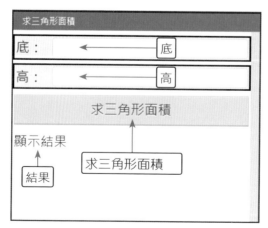

底、高 只能輸入數字，請將 **僅限數字** 屬性設定為核選。

» 程式拼塊

1. 自訂程序 **三角形面積** 求三角形面積。

1 自訂程序 **三角形面積**。

2 接收參數，即傳入三角形的底和高。

3 建立區域變數 **傳回值**，用以傳回自訂程序的結果。

4 加入 **執行 回傳結果** 拼塊，再以 **設置 傳回值 為** 拼塊求三角形面積。計算三角形面積的公式為 傳回值 =(底 * 高) / 2。

5 以 **回傳結果** 傳回三角形面積 **傳回值**。

2. 按下 **求三角形面積** 鈕，呼叫自訂程序 **三角形面積** 計算三角形的面積。

1 呼叫自訂程序 **三角形面積**。

2 傳遞兩個參數，即傳入三角形的底和高。

4.3 內建程序

將常用的功能建立為程序，當要使用該功能時就呼叫程序即可執行。但應用程式需用到的功能非常多，若每一項功能都由設計者自行撰寫程序，將是一項龐大的工作。APP Inventor 2 已為許多好用功能建立了程序，設計者可以直接使用，經由此種途徑，相當於設計者擁有許多功能強大的工具，可以輕易設計出各種符合需求的應用程式。

4.3.1 亂數程序

日常生活中有許多場合需要使用隨機產生的數值，例如各種彩券的中獎號碼、擲骰子得到的點數等。APP Inventor 2 提供了三個內建亂數程序，它位於 **內置塊 / 數學** 程式拼塊中。

名稱	功能	範例拼塊
隨機小數	傳回一個介於 0 與 1 之間的隨機小數。	隨機小數
隨機整數	傳回一個介於兩個指定數值之間的隨機整數，包含上限及下限。	隨機整數從 1 到 100
設定亂數種子	設定亂數種子，相同的亂數種子可得到相同的亂數序列。	設定隨機數種子 為

1. **隨機小數** 拼塊會傳回一個介於 0 與 1 之間的隨機小數，例如下圖使用迴圈產生五個隨機小數：每次按鈕所產生的亂數皆不相同。

2. **隨機整數** 拼塊是最常使用的亂數程序，此拼塊必須指定兩個整數，程序會傳回介於兩整數之間的隨機整數，兩數的大小順序可以任意放置。例如下圖可產生五個二位數整數 (包含 10 及 99)：

| 對每個 數字 範圍從 | 1 | | 顯示隨機整數 |
| 到 | 5 | | 069 88 90 15 95 |

對每個 數字 範圍從 1 到 5 每次增加 1
執行 設置 全域 亂數 為 從 10 到 99 之間的隨機整數

顯示隨機整數

069 88 90 15 95

範例：猜數字遊戲

程式開始時會以亂數產生一個 1 到 99 之間的數值做為答案，使用者輸入數值後按
猜數字 鈕，程式會將輸入數值與答案比對，如果太大則給予「太大了！」的提示，
若太小則提示「太小了！」，正確就恭喜使用者答對，同時每次都會顯示猜測次數。
使用者答對後會隱藏 **猜數字** 鈕，同時顯示 **重新開始** 按鈕，使用者按 **重新開始** 鈕
可重新進行遊戲。(**ch04\ex_GuessNum.aia**)

» 介面配置

數字 只允許輸入數字，請將 **僅限數字** 屬性設定為核選，**猜數字**、**重新開始** 的 **寬度** 設為 **填滿**。

重新開始 鈕的 **可見性** 屬性值設為 **隱藏**，應用程式開始執行時此按鈕不會顯示，等 使用者猜對數字後再以程式顯示。

» 程式拼塊

1. 宣告變數、以亂數產生答案,並設定 **重新開始** 鈕。

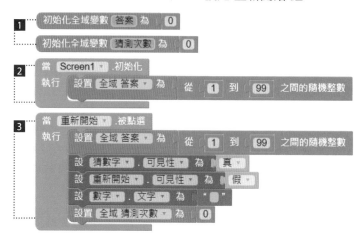

1 **答案** 變數儲存隨機產生的亂數做為答案,**猜測次數** 變數記錄猜測次數。

2 開始時用 **整數亂數** 程序產生一個 1 到 99 之間的亂數做為答案。

3 當使用者按 **重新開始** 鈕後重新產生亂數、顯示 **猜數字** 鈕、隱藏 **重新開始**
鈕、清除輸入數字框並設猜測次數歸 0。

2. 按 猜數字 鈕。

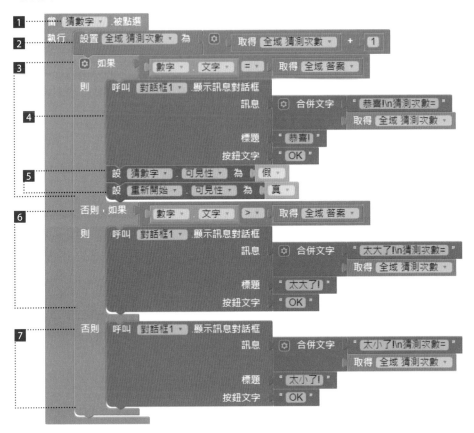

1 當使用者按 **猜數字** 鈕後執行本程式拼塊。

2 猜測次數加 1。

3 如果猜測的數字正確就執行本區塊。

4 顯示答案正確訊息。

5 隱藏 **猜數字** 按鈕，顯示 **重新開始** 按鈕讓使用者可以重新開始遊戲。

6 如果猜測的數字大於答案就顯示數字太大訊息，同時顯示猜測次數。

7 如果猜測的數字小於答案就顯示數字太小訊息，同時顯示猜測次數。

4.3.2 **數值程序**

APP Inventor 2 提供許多關於數學運算的內建程序，它位於 **內置塊 / 數學** 程式拼塊中，包括了三角函數、指數、對數、角度互換等運算。

常用數值程序

名稱	功能	範例拼塊	結果
絕對值	傳回絕對值。	絕對值 ▼ -192	192
acos	傳回反餘弦函數值。	反餘弦（acos）▼ 0.5	60.0
asin	傳回反正弦函數值。	反正弦（asin）▼ 0.5	30.0
atan	傳回反正切函數值。	反正切（atan）▼ 0.5	26.56
atan2	傳回參數 **y 座標 / x 座標** 反正切函數值 。	反正切（atan2）y 15 x 30	26.56
無條件進位後取整數	傳回參數無條件進位到整數的結果。	無條件進位後取整數 ▼ 15.321	16
角度變換弧度轉角度	傳回將弧度轉換為角度的結果。	角度◀───▶弧度 弧度轉為角度 ▼ 3.14	179.9
角度變換 角度轉弧度	傳回將角度轉換為弧度的結果。	角度◀───▶弧度 角度轉為弧度 ▼ 180	3.14159
cos	傳回餘弦函數值。	餘弦（cos）▼ 60	0.5
e 的次方	傳回 e (2.718···)指定次方結果。	e^(自然數次方) ▼ 2	7.389
無條件捨去後取整數	傳回無條件捨去到整數位結果。	無條件捨去後取整數 ▼ 15.321	15
將數字 設為小數形式 位數	傳回數字轉換為 **位數** 位小數結果。	將數字 5.1 設為小數形式，位數 3	5.100
是否為數字？	傳回參數是否為數值。	是否為數字？ ▼ " "	false
ln	傳回自然對數運算結果。	ln(自然對數) ▼ 100	4.605
最大值	傳回參數中的最大值。	⚙ 最大值 ▼ 10 20	20
最小值	傳回參數中的最小值。	⚙ 最小值 ▼ 10 20	10
模數	傳回第一個數除以第二個數的餘數。	模數 ▼ 30 除以 7	2

名稱	功能	範例拼塊	結果
相反數	傳回正負值的相反數。	相反數 ▼ 30	-30
商數	傳回第一個數除以第二個數的商，只取整數。	商數 ▼ 30 除以 7	4
餘數	傳回第一個數除以第二個數的餘數。	餘數 ▼ 30 除以 7	2
四捨五入	傳回四捨五入後到整數位的結果。	四捨五入 ▼ 15.321	15
sin	傳回正弦函數值。	正弦 (sin) ▼ 30	0.5
平方根	傳回平方根值。	平方根 ▼ 64	8.0
tan	傳回正切函數值。	正切 (tan) ▼ 45	1.0
10 進位轉 2 進位	傳回 10 進位轉 2 進位的結果。	數字進位轉換 10進位轉2進位 ▼ 13	1101
2 進位轉 10 進位	傳回 2 進位轉 10 進位的結果。	數字進位轉換 2進位轉10進位 ▼ 1101	13
10 進位轉 16 進位	傳回 10 進位轉 16 進位的結果。	數字進位轉換 10進位轉16進位 ▼ 15	F
16 進位轉 10 進位	傳回 16 進位轉 10 進位的結果。	數字進位轉換 16進位轉10進位 ▼ " F "	15

無條件捨去後取整數、無條件進位後取整數 及 四捨五入程序

取整數的程序有三個：**無條件捨去後取整數** 是無條件捨去小數部分，**無條件進位後取整數** 是無條件進位，**四捨五入** 是根據第一位小數四捨五入到整數。在正數部分很容易判斷，但負數要小心三個程序傳回的結果：

數值	無條件捨去後取整數	無條件進位後取整數	四捨五入
5.2	5	6	5
5.7	5	6	6
-5.2	-6	-5	-5
-5.7	-6	-5	-6

餘數及模數程序

餘數 及 **模數** 程序都是兩數相除後傳回餘數。當兩正數相除時，**餘數** 及 **模數** 傳回值相同；但負數相除時，兩者的計算方式不同：**餘數** 是取兩數的絕對值相除，餘數再與被除數取相同正負號，而 **模數** 則是以「a-(**無條件捨去後取整數** (a/b)xb)」(a 為被除數，b 為除數) 公式計算得到，**模數** 程序傳回值會與除數具有相同的正負號。

被除數	除數	運算式	餘數 傳回值	模數 傳回值
30	7	30/7	2	2
-30	7	-30/7	-2	5
30	-7	30/-7	2	-5
-30	-7	-30/-7	-2	-2

以「-30/7」為例說明 **模數** 程序運作：「**無條件捨去後取整數** (-30/7)」的結果為 -5， 「-30-(-5)x(7)」的結果為 5。

最小值及最大值程序

最小值 及 **最大值** 程序可取得一系列數值的最小值及最大值，傳入參數的數量可以任意指定：

▲ 傳回值為10   ▲ 傳回值為40

將數字 設為小數形式 位數程序

將數字 設為小數形式 位數 會將參數轉換為指定位數的小數，若原來小數位數過多會以四捨五入處理，若位數不足會以 0 補足。

▲ 傳回值為15.568   ▲ 傳回值為15.600

範例:計算公因數

使用者輸入兩個大於 1 的整數後按 **顯示公因數** 鈕,下方會列出兩數的所有公因數。
(<ch04\ex_commonFactor.aia>)

» 介面配置

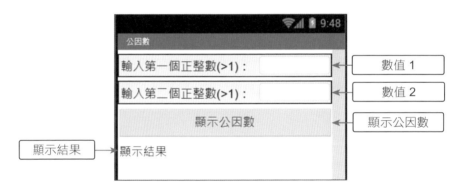

數值 1、**數值 2** 只允許輸入數字,請將 **僅限數字** 屬性設為核選。

» 程式拼塊

1. 宣告變數 **最小數值** 儲存兩個輸入數值中較小的數值,因為在尋找公因數的過程中可用較小數的因數為基準,這樣可減少迴圈執行的次數。因數的判斷方式為輸入數值除以 2 以上的數,如果餘數為 0 (整除) 就表示該數是輸入數值的因數。

> 初始化全域變數 **最小數值** 為 [0]

2. 按下 **顯示公因數** 鈕,求兩數的公因數並顯示之。

1　使用者按 **顯示公因數** 鈕執行的程式拼塊。

2　公因數一定有「1」。

3　使用 **最小值** 內建程序取出兩個輸入數值中較小的數值並儲存於 **最小數值**。

4　由 2 到較小輸入值逐一檢查是否為公因數。

5　如果兩個數都可以整除就是公因數。

6　顯示公因數。

4.3.3 **字串 (文本) 程序**

字串是程式設計時使用最多的資料型態，APP Inventor 2 有很多內建程序用來處理字串，包括大小寫轉換、搜尋字串、取代字串等。

常用字串 (文本) 程序

名稱	功能	範例拼塊	結果
檢查文字	在 **檢查文字** 中的文字是否包含 指定的字串。	檢查文字 " applepie " 是否包含子串 片段 " pie "	true
小寫	將字串轉為小寫字母。	小寫 " ApplePie "	applepie
是否為空	傳回指定字串是否為空。	是否為空 " "	flase
求文字長度	傳回指定字串的字元個數。	求文字長度 " ApplePie "	8

名稱	功能	範例拼塊	結果
字串文字 全部取代	將 **將文字** 字串中所有 **中的所有** 字串全部以 **片段全部取代為** 中的字串取代。	將文字 " one,two,three " 中的所有 " , " 片段全部取代為 " ; "	one;two;three
字串擷取	將 **從文字** 字串的 **第幾個** 字元開始擷取 **指定長度** 的字元。	從文字 " applepie " 的第 6 位置提取長度為 3 的片段	pie
分解	將 **文字** 字串以 **分隔符號** 字串進行分解為字串。	分解 文字 " one,two,three " 分隔符號 " , "	(one two three)
分解首項	將 **文字** 字串在第一次出現 **分隔符號** 字串處分割為兩個子字串。	分解首項 文字 " one,two,three " 分隔符號 " , "	(one two,three)
分解任意首項	將 **文字** 字串在第一次出現 **分隔符號** 清單中任何一個元素值處，分割為兩個子字串。	分解任意首項 ▾ 文字 " one,two,three " 分隔符號 (清單) 取得 全域 list ▾	(one two,three)
任意分解	將 **文字** 字串在 **分隔符號** 清單中任何一個元素值處，分割為子字串。	任意分解 ▾ 文字 " one,two,three " 分隔符號 (清單) 取得 全域 list ▾	(one two three)
用空格分解	將指定字串以空白字元做為分解點分解為子字串。	用空格分解 " one two three "	(one two three)
求指定字串的位置	傳回 **取得片段** 字串在 **在文字** 字串中的位置。	取得片段 " pie " 在文字 " applepie " 中的起始位置	6
刪除空格	移除指定字串頭尾的空白字元。	刪除空格 " applepie "	applepie
大寫	將字串轉為大寫字母。	大寫 ▾ " ApplePie "	APPLEPIE
比較字串是否相等	傳回第一個字串和第二個字串是否相等。	文字比較 " ABC " = ▾ " 123 "	false
文字比較	傳回第一個字串是否大於第二個字串。	文字比較 " ABC " > ▾ " 123 "	false
文字比較	傳回第一個字串是否小於第二個字串。	文字比較 " ABC " < ▾ " 123 "	true

求指定字串的位置及檢查文字程序

求指定字串的位置 程序可搜尋子字串在原字串中的位置，如果未搜尋到則傳回「0」。**求指定字串的位置** 程序傳回「0 」與 **檢查文字** 程序傳回「false」的意義相同，都是未搜尋到子字串。

字串中字元位置

要注意 APP Inventor 2 字元在字串中的位置是由 1 開始計數，例如字串 applepie 中「i」的位置為 7。

分解首項及分解任意首項程序

APP Inventor 2 提供相當多字串分割程序，所有分割程序的傳回值都是清單，每一個分割後的子字串是清單中一個元素。

分解首項 及 **分解任意首項** 兩個程序的分割結果必為兩個元素，都是以第一次出現分割字串處將原字串分為兩個子字串，差別在於 **分解首項** 的參數就是分割字串，而 **分解任意首項** 的參數是清單，任何一個清單中的元素都可做為分割字串。

分解、用空格分解及任意分解程序

分解、用空格分解 及 **任意分解** 三個程序的分割結果可為多個元素的清單，都是以任何出現分割字串處將原字串分為子字串，差別在於 **用空格分解** 的分割字串是空白字元，而 **分解** 是以參數做為分割字元，**任意分解** 的參數是清單，任何一個清單中的元素都可做為分割字串。

範例：帳號及密碼登入

本範例帳號是 david，密碼是 goodluck。系統會忽略使用者輸入的帳號及密碼大小寫，只要字母正確就會顯示正確訊息，若帳號或密碼錯誤則會顯示錯誤訊息。
`(ch04\ex_Login.aia)`

» 介面配置

» 程式拼塊

1 使用 **小寫** 程序將使用者輸入的資料轉換為小寫字母,再以轉換後的資料與 david、goodluck 比對是否相符,如此就可忽略使用者輸入資料的大小寫。

2 比對正確就顯示帳號及密碼正確訊息。

3 比對錯誤就顯示帳號或密碼錯誤訊息。

4.4 背包

「APP Inventor 2 中的拼塊能不能複製,然後貼到另外一個專案中呢?」,這是許多人關心的話題。在過去 APP Inventor 是做不到的,但從 APP Inventor 2 推出 nb146 的更新版之後,就加入了這個令人驚豔的功能 Backpack「背包」,讓我們可以在不同專案之間複製拼塊!

只要將拼塊放入背包內,就可以在另一個專案中,由背包直接取出使用,如此就可以複製拼塊。這對於較複雜拼塊,或是功能類似的拼塊,就不用再重拉拼塊,或是複製拼塊後只需要做小幅度的修改,如此就可以節省許多的時間。

當我們進入 APP Inventor 2 的畫面編排頁面後,按 **程式設計** 鈕,在工作面版的右上方即可看到一個背包!

只要將要複製的程式拼塊拖曳到背包中,即可將指定的程式拼塊複製到背包中。 在其他的 Screen 或專案中,展開背包將背包中的程式拼塊拖曳到工作面板中,即可複製該程式拼塊。將滑鼠在空白處按右鍵,在下拉式功能表中可以看到有 2 個功能:

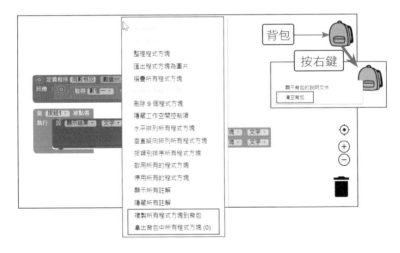

- **複製所有程式方塊到背包**:將工作面板中所有拼塊複製到背包中。

- **拿出背包中所有程式方塊 (n)**:將背包中所有拼塊貼到工作面板中,參數 n 表示目前背包內共有幾組拼塊,**拿出背包中所有程式方塊** (0) 表示目前背包是空的。

- **清空背包**:在背包圖示右鍵功能表按 **清空背包**,將會清空背包中的所有拼塊。

例如要將兩數相加 <ex_Add.aia> 專案中所有程式拼塊複製到 <ex_multi.aia> 專案中，操作如下：

1. 在兩數相加的 <ex_Add.aia> 專案中選按 **複製所有程式方塊到背包**，將工作面板中所有拼塊複製到背包中。複製後點選背包，就可以看到背包中複製的拼塊。

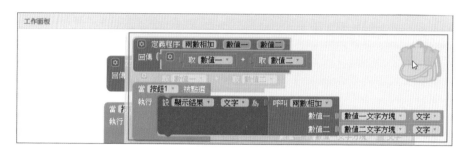

在另一個專案或 Screen 中，只要從背包中將指定的拼塊拖到工作面版中，即可將該指定拼塊貼到目前的工作面版中，也可使用 **拿出背包中所有程式方塊 (n)** 將背包中所有拼塊貼到目前專案的工作面版中。

2. 現在我們開啟另一個求兩數相乘的 <ex_multi.aia> 專案，使用 **拿出背包中所有程式方塊 (2)** 將背包中所有拼塊貼到目前專案的工作面版中。

3. 最後將複製後的拼塊修改兩數兩乘，即可以完成此專案。

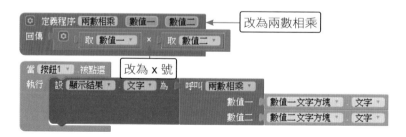

4.5 物件清單

在較大型應用程式中，物件的數量非常多，程式中常需改變物件的屬性，如果每次都要以程式拼塊逐一修改物件屬性，將會耗費龐大的程式拼塊。

APP Inventor 2 的清單 (Lists) 具有一般程式語言「陣列」的特性，清單允許物件 (APP Inventor 2 中的各種元件就是物件) 做為元素，以物件做為清單元素稱為「物件清單」。在物件清單中，設計者可使用迴圈輕易對清單中的物件逐一處理，相當方便。

4.5.1 建立物件清單

以畫面編排頁面有四個 **標籤** 元件建立的色塊為例：**(ch04\ColorBlock.aia)**

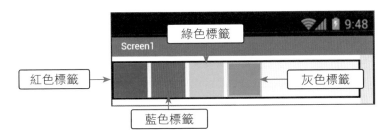

建立物件清單的第一步是宣告一個空的清單變數，例如宣告未含初始值的 **顏色清單** 變數：

初始化全域變數 [顏色清單] 為 [⚙ 建立空清單]

物件清單變數初始值也可以設定為任意數值或字串，例如宣告初始值為空字串的 **顏色清單** 變數，：

初始化全域變數 [顏色清單] 為 [" ▢ "]

為了讓變數容納清單元素，需使用 **初始化全域變數** 拼塊來設定變數值，例如：

初始化全域變數 [顏色清單] 為 [⚙ 建立清單]

Screen1 項目中，每一個元件的最後一個屬性都代表元件本身。以 **紅色標籤** 為例，將其拖曳到 **顏色清單** 清單中，即可將此元件加入 **顏色清單** 清單中。

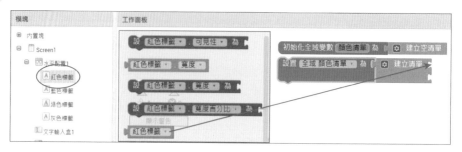

接著再將 **藍色標籤**、**綠色標籤** 及 **灰色標籤** 拖曳到 **顏色清單** 清單中，就完成包含四個標籤元件的物件清單。

4.5.2 設定物件清單元件屬性

APP Inventor 2 在拼塊區的 **任意組件** 項目中建立了「任意元件種類」來代表程式中所有的指定清單元件。例如以剛才新的物件清單為例，**任意標籤** 代表任何一個 **標籤** 元件。

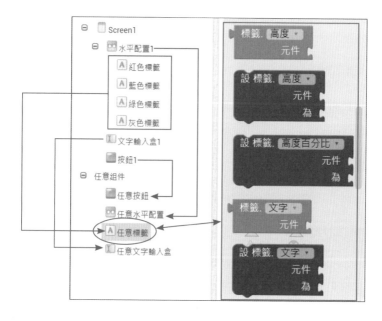

在範例中介面設計區有 **水平配置**、**標籤**、**文字輸入盒** 和 **按鈕** 四種元件，其中 **標籤** 元件有 4 個。**Screen1** 項目會列出所有元件的名稱，而 **任意組件** 項目則為每種元件建立一個項目，因此雖然有 4 個 **標籤** 元件，但 **任意組件** 項目僅建立一個 **任意標籤** 項目，因為 4 個 **標籤** 元件都可用 **任意標籤** 項目取代。

點選 **任意組件** 項目中的項目會顯示該元件所有的方法及屬性 (注意：**任意組件** 項目不能使用「事件」)。例如：點選 **任意文字輸入盒** 項目。

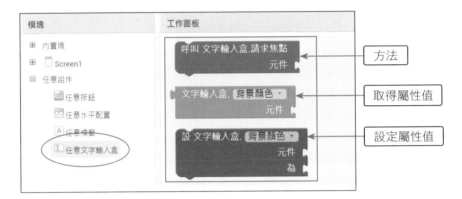

任意組件 項目的方法及屬性都需要傳入 **元件** 參數，此參數指定元件名稱，因此只要傳入不同元件名稱，就能作用在不同元件上。例如在前述範例中改變 **藍色標籤** 元件的寬度為 70：

上圖中 **元件** 參數傳入的值是 **顏色清單** 清單中的第 2 個元素，而**顏色清單** 清單中的第 2 個元素是 **藍色標籤** 元件，所以「**標籤.寬度**」中的 **標籤** 元件就是 **藍色標籤** 元件。下圖是上面程式拼塊執行結果與原來執行結果的比較 (原來色塊的長寬皆為 40)：

▲ 原來執行結果

▲ 藍色寬度為70

物件清單的最大功能是可使用 **對於任意清單 迴圈** 同時改變清單中所有元素的屬性，例如使用迴圈將 **顏色清單** 清單中所有元件的寬度都設為 70：

執行結果與原來執行結果的比較如下：

▲ 原來執行結果　　　　　　▲ 所有色塊寬度皆為70

4.5.3 物件清單應用：水果盤遊戲

水果盤遊戲經常會以亂數設定顯示的水果，搭配物件清單，我們可以將所有水果都存入物件清單中，當遊戲進行時，再以亂數自物件清單中取出不同的水果，如此，就可以順利完成水果盤遊戲。

範例：水果盤

請在畫面中佈置 3 個 **圖像** 元件，並上傳 3 張水果的圖片。每按一次 **OK** 鈕，程式都會自動由清單中隨機為 3 個 **圖像** 元件設定水果圖片背景。

`(ch04\ex_Fruits.aia)`

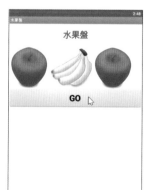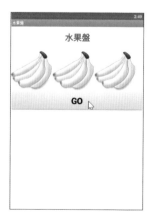

» 介面配置

圖像 1~ 圖像 3 的 **圖片** 屬性分別是 <apple.png>、<banana.png> 和 <cherry.png>，請將這些資源檔上傳。

» 程式拼塊

1. 宣告清單變數 **水果清單** 儲存 **圖像** 元件 (即水果)，**水果圖片清單** 儲存 **圖像** 元件的背景圖 (**圖片** 屬性)。

2. 將 **圖像** 元件加入清單中並呼叫自訂程序。

   1 將 **圖像 1~ 圖像 3** 加入 **水果清單** 物件清單中。

   2 呼叫自訂程序 **設定水果圖片清單**。

3. 自訂程序 **設定水果圖片清單** 依序將每個 **圖像** 元件的 **圖片** 屬性加入 **水果圖片清單** 清單中,因此,**水果圖片清單** 清單的實際內容為「apple.png、banana.png、cherry.png」。

4. 按下 **GO** 鈕會自這 3 個背景圖中,任意抽出一個背景圖並顯示在 **圖像 1~ 圖像 3** 中。

1 依序處理 **水果清單** 清單中每個元件。

2 以亂數 1~3 取得 **水果圖片清單** 清單中的元素,可能是 apple.png、banana.png 或 cherry.png。

3 設定清單中每個 **圖像** 元件的 **圖片** 屬性,即 **圖像 1~ 圖像 3** 的背景圖。

4.6 綜合演練：ATM 輸入介面

ATM 提款時必須輸入密碼，密碼最好以「*」號表示，以防有心人士偷窺，對於這樣規則性排列的按鈕，通常可用物件清單完成。配合常用的內建程序，可以取得輸入字串的長度，並進行字串的處理。

範例：ATM 輸入介面

ATM 提款機可利用 0~9 的按鈕輸入密碼，也可用「←」按鈕刪除最後輸入的密碼字元。正確密碼是「123456」，按下 **OK** 按鈕比對輸入密碼是否正確，並分別顯示「密碼正確！」和「密碼錯誤！」訊息。(ch04\ex_ATM.aia)

» 介面配置

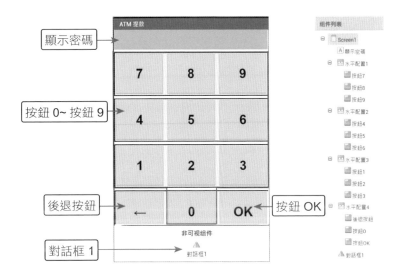

» 使用元件及其重要屬性

名稱	屬性	說明
顯示密碼	背景顏色：綠色 文字顏色：洋紅	以「＊」號顯示輸入的密碼。
按鈕 0～按鈕 9	寬度：填滿 高度：80 像素	按鈕 0～按鈕 9。
後退按鈕	同上	刪除最後輸入的密碼。
按鈕 OK	同上	按鈕 **OK**。
對話框 1	無	顯示訊息。

» 程式拼塊

1. 建立物件清單拼塊和變數。

1 ⋯⋯ 初始化全域變數 **數字按鈕清單** 為 ⚙ 建立空清單

2 初始化全域變數 **密碼** 為 " 123456 "

3 初始化全域變數 **輸入按鍵** 為 " 　 "

1 宣告清單變數 **數字按鈕清單** 儲存按鈕元件。

2 設定變數 **密碼** 儲存 ATM 密碼，其值為「123456」。

3 變數 **輸入按鍵** 儲存輸入的按鍵。

2. 依序將 **按鈕 0 ～ 按鈕 9** 元件加入清單中。

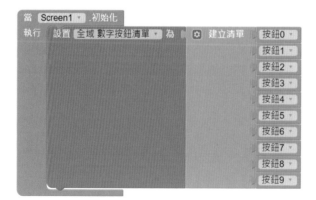

3. 按下數字按鈕，呼叫自訂程序 **取得按鈕數字**，並傳遞參數，**按鈕 0** 為按鈕 0，
傳遞參數 **1**，**按鈕 1** 為按鈕 1，傳遞參數 **2**，其他 **按鈕 2~ 按鈕 9** 因為程式拼塊
都相似，故將它省略未列出。

4. 處理數字按鈕拼塊。

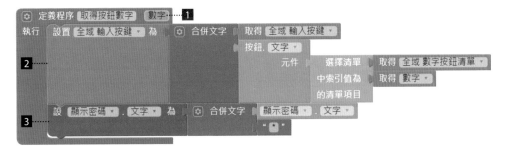

■ 在 **取得按鈕數字** 程序中由傳送過來的參數 **數字** 判斷按下哪一個按鈕。

■ 由按鈕的 **文字** 屬性取得輸入的數字，並儲存在變數 **輸入按鍵** 中。例如：
按下 **按鈕 0**，會以 **取得按鈕數字 (1)** 呼叫自訂程序，並傳入參數 1，因此會
取得 **數字按鈕清單** 物件清單中的第一個元件，也就是 **按鈕 0**，然後取得此
按鈕0 的 **文字** 屬性值 0，再以 **合併文字** 拼塊和原來的 **輸入按鍵** 變數合併。

■ 將密碼以「*」號顯示，每輸入一個數字按鍵，就在 **顯示密碼** 標籤加入一
個「*」號。

5. 處理按 **後退按鈕** 拼塊。

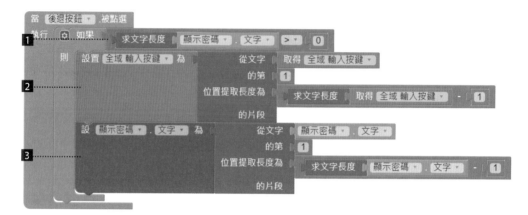

1 如果已輸入數字才處理。

2 取得輸入字串 **輸入按鍵** 中第 1 到「求文字長度 (**輸入按鍵**) -1」個字元，也就是移除 **輸入按鍵** 中最後一個字元。

3 取得 **顯示密碼** 標籤中第 1 到「求文字長度 (**輸入按鍵**) -1」個字元，也就是移除 **顯示密碼** 標籤中最後一個「*」字元。

6. 處理按 **OK** 鈕拼塊。

1 顯示「密碼正確！」訊息。

2 顯示「密碼錯誤！」訊息。

05

繪圖與動畫

畫布屬於繪圖動畫類別元件，畫布相當於一個空白畫布，可以在畫布上繪製點、直線、圓、文字等圖形，也可以將畫布的圖形存檔。

圖像精靈和球形精靈屬於繪圖動畫類別元件，它是 AppInventor2 為動畫和遊戲所量身打造的元件，使用時必須配合畫布元件。

5.1 畫布元件

畫布 屬於 **繪圖動畫** 類別元件，**畫布** 相當於一個空白畫布，可以在 **畫布** 上繪製點、直線、圓、文字等圖形，也可以將 **畫布** 的圖形存檔。 此外， APP Inventor 2 經常會使用 **畫布** 配合 **圖像精靈** 和 **球形精靈** 元件，設計含有動畫或遊戲的程式。

5.1.1 畫布元件介紹

畫布 相當於一個空白畫布，使用 **背景顏色** 可以設定畫布背景顏色， 也可使用 **背景圖片** 設定畫布背景圖。

畫布 的 **背景圖片** 背景圖除了可以一般的圖檔設定，也可以利用 **照相機** 元件來照相、或是以 **圖像選擇器** 從相簿中取得一張圖片當作 **畫布** 背景圖，然後在 **畫布** 上畫圖並將繪製的結果存檔。

畫布 上可以繪製點、 直線、 實心圓、空心圓、文字等圖形，同時也可將 **畫布** 上繪製的圖檔存檔。

畫布 座標計算是以向右為正、向下為正，並以 **畫布** 左上角為 (0,0) 基準點，所計算的相對座標。

在 **畫布** 上只允許布置 **繪圖動畫** 類別的 **圖像精靈** 和 **球形精靈** 兩種元件。

畫布元件常用屬性

屬性	說明
背景顏色	設定背景顏色。
背景圖片	設定背景圖片。
線寬	設定繪筆的粗細。
畫筆顏色	設定繪筆的顏色。
字體大小	繪製文字的字型大小。

畫布元件常用事件

事件	說明
被拖曳 (起點 X 座標 , 起點 Y 座標 , 前點 X 座標 , 前點 Y 座標 , 當前 X 座標 , 當前 Y 座標 , 任意被拖曳的精靈)	在畫布上拖曳時會觸發此事件。**(起點 X 座標 , 起點 Y 座標)** 為第一次觸碰的點。並由座標 **(前點 X 座標 , 前點 Y 座標)** 移到 **(當前 X 座標 , 當前 Y 座標)**，**任意被拖曳的精靈** 表示拖曳過程中是否觸碰到 **圖像精靈** 或 **球形精靈** 等動畫元件。
被滑過 (x 座標 , y 座標 , 速度 , 方向 , 速度 X 分量 , 速度 Y 分量 , 被滑過的精靈)	當手指在畫布上滑動會觸發 **被滑過** 事件，參數 **(x 座標 , y 座標)** 傳回觸碰的位置，參數 **速度** 表示滑動的速度，**方向** 表示滑動的方向，參數 **速度 X 分量 , 速度 Y 分量** 分別表示向左右、上下的滑動量，**被滑過的精靈** 表示滑動過程中是否觸碰到 **圖像精靈** 或 **球形精靈** 等動畫元件。
被壓下 (x 座標 , y 座標)	觸碰畫布會觸發此事件，**(x 座標 , y 座標)** 座標為觸碰畫布的位置。
被鬆開 (x 座標 , y 座標)	放開觸碰後會觸發此事件，**(x 座標 , y 座標)** 座標為鬆開時觸碰畫布的位置。
被觸碰 (x 座標 , y 座標 , 任意被觸碰的精靈)	觸碰畫布會觸發此事件，**(x 座標 , y 座標)** 座標為觸碰畫布的位置，如果 **任意被觸碰的精靈** 為 **真** 代表觸碰到動畫元件。

畫布元件常用方法

方法	說明
清除畫布	清除 **畫布** 上繪製的圖形，但不會清除背景圖。
畫圓 (圓心 x 座標 , 圓心 y 座標 , 半徑 , 填滿)	以 **(圓心 x 座標 , 圓心 y 座標)** 為圓心，**半徑** 為圓的半徑，若 **填滿** 為 **真** 繪製實心圓，**假** 繪製空心圓，預設值為 **真**。
畫線 (x1,y1,x2,y2)	自 **(x1,y1) - (x2,y2)** 繪製一條直線。
畫點 (x 座標 , y 座標)	在 **(x 座標 , y 座標)** 位置，以畫筆繪製一個點。
繪製文字 (文字 , x 座標 , y 座標)	在 **(x 座標 , y 座標)** 位置，繪製 **文字** 內容。

方法	說明
指據指定角度繪製文字 (文字 , x 座標 , y 座標 , 角度)	在 (**x 座標** , **y 座標**) 位置，繪製 **文字** 內容，並將文字旋轉指定 **角度**。
儲存 ()	將畫布存成一張圖檔，並傳回儲存在 SD Card 的完整路徑。若發生錯誤，會觸發 Screen1 元件的 **發生錯誤** 事件。
另存為 (檔案名稱)	將畫布以 **檔案名稱** 為檔名，存成一張圖檔，並傳回儲存在 SD Crad 的完整路徑，副檔名必須使用 .JPEG、.JPG 或 .PNG。若發生錯誤，會觸發 Screen1 元件的 **發生錯誤** 事件。
取得背景像素顏色 (x 座標 , y 座標)	取得 **畫布** (**x 座標** , **y 座標**) 座標點的顏色，並以數值傳回其色碼，該點顏色包含 **畫布** 背景、在 **畫布** 繪製的圖形，但不包含在 **畫布** 佈置的 **圖像精靈** 元件。
取得像素顏色 (x 座標 , y 座標)	取得 **畫布** (**x 座標** , **y 座標**) 座標點的顏色，並以數值傳回其色碼。
設定背景像素顏色 (x 座標 , y 座標 , 顏色)	設定 **畫布** (**x 座標** , **y 座標**) 座標點的顏色。

範例：設定 畫布 背景圖、繪製圖形和文字

設定 **畫布** 的背景色為粉紅色，在 **畫布** 中以紫色繪製「畫布繪圖展示」文字，並繪製一個橘色圓和兩條藍色直線。(`ch05\ex_CanvasDraw.aia`)

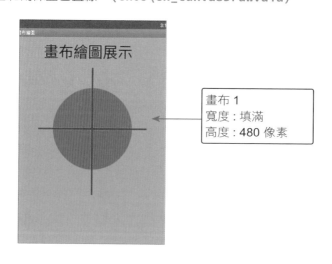

» 程式拼塊

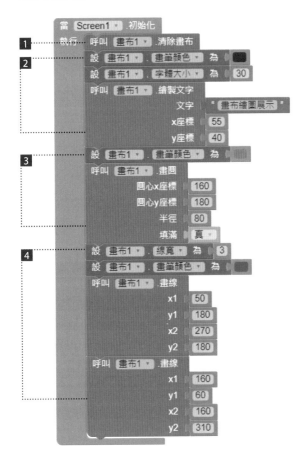

1 清除畫布。

2 以 **繪製文字** 方法繪製紫色、字體大小 = 30 的文字「畫布繪圖展示」。

3 以 **畫圓** 方法繪製橘色圓並填滿，半徑為 80 像素。

4 以 **畫線** 方法，繪製兩條藍色直線。

 畫布座標的基準點

畫布 上的座標都是以 **畫布** 左上角為 (0,0) 基準點，並以向右為正、向下為正計算的相對座標。

5.1.2 畫布元件事件介紹

畫布 事件，通常接收許多參數，善用這些參數，即可製造極佳的遊戲效果。

被拖曳事件

在 **畫布** 上拖曳時會觸發 **被拖曳** 事件， 並接收一系列的參數，其中 (**起點 X 座標 , 起點 Y 座標**) 為拖曳事件第一次的觸碰點，也就是拖曳的起點，在拖曳過程 (**前點 X 座標 , 前點 Y 座標**) 和 (**當前 X 座標 , 當前 Y 座標**) 會依拖曳位置而改變，(**前 點 X 座標 , 前點 Y 座標**) 為上一次的觸碰點，(**當前 X 座標 , 當前 Y 座標**) 為目前的 觸碰點。 配合 **畫線** 方法，即可繪製塗鴉的曲線，如下右圖。

任意被拖曳的精靈 可判斷在拖曳過程中是否觸碰到 **畫布** 中的動畫元件，當 **任意被拖 曳的精靈** 為 **真**，代表拖曳時觸碰到 **畫布** 中的 **圖像精靈** 或 **球形精靈** 等動畫元件。

被壓下、被鬆開和被觸碰事件

觸碰 **畫布** 時會觸發 **被壓下 (x 座標 , y 座標)** 事件，傳回 (**x 座標 , y 座標**) 為觸碰的 位置，利用這個事件，可以記錄拖曳時第一次觸碰的點。

結束觸碰後會觸發 **被鬆開 (x 座標 , y 座標)** 事件， (**x 座標 , y 座標**) 座標為鬆開時 觸碰畫布的位置。

觸碰畫布時會同時觸發 **被壓下** 和 **被觸碰** 事件，並傳回觸碰畫布的位置，但 **被觸碰** 事件可以根據 **任意被觸碰的精靈** 是否為 **真**，判斷在觸碰畫布時，該畫布位置上是 否放置 **圖像精靈** 或 **球形精靈** 等動畫元件。

例如：檢查 **被觸碰** 事件，若觸碰到 **圖像精靈** 或 **球形精靈** 動畫元件，在標題列顯 示字串「碰觸到動畫元件！」，否則顯示「未碰觸！」。

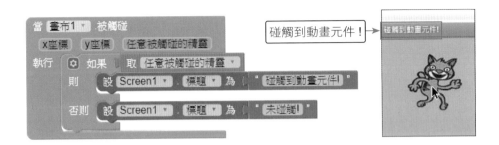

被滑過事件

當手指在 **畫布** 上滑動會觸發 **被滑過** 事件,參數 (**x 座標 , y 座標**) 傳回觸碰的位置,參數 **速度** 表示滑動的速度,值介於 0~9.8,**方向** 表示滑動的方向 (角度),向右為 0^0、向上為 90^0、向左為 180^0、向下為 -90^0,參數 **速度 X 分量 , 速度 Y 分量** 分別表示向左右、上下的滑動量,**速度 X 分量** 向右為正、向左為負,**速度 Y 分量** 向下為正、向上為負。

被滑過的精靈 可判斷在滑動過程是否觸碰到 **圖像精靈** 或 **球形精靈** 等動畫元件。

例如要判斷向左或向右滑動,只要判斷 **速度 X 分量** 的參數值即可,當 **速度 X 分量** > 0 表示向右滑動,當 **速度 X 分量** < 0 表示向左滑動。同樣地判斷 **速度 Y 分量** 就可以決定向上或向下滑動。

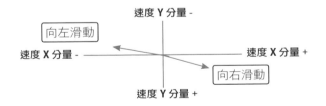

範例：利用被劃動事件左右滑動控制蝴蝶左右飛翔

在 **畫布** 上左、右滑動，控制蝴蝶向左右飛翔。**(ch05\ex_ButterFly.aia)**

» 介面配置

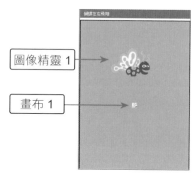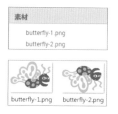

圖像精靈 1

畫布 1

素材

butterfly-1.png
butterfly-2.png

butterfly-1.png　　butterfly-2.png

» 程式拼塊

控制蝴蝶左、右飛翔。

1 設定移動的速度為 20。

2 當 **速度 X 分量** 大於 0 表示向右移動，設定圖片為 <butterfly-1.png>、**方向** 為 0，控制蝴蝶向右飛翔。

3 當 **速度 X 分量** 小於 0 表示向左移動，設定圖片為 <butterfly-2.png>、**方向** 為 180，控制蝴蝶向左飛翔。請注意 <butterfly-2.png> 是以 <butterfly-1. png> 經過上下翻轉處理。

畫布配合圖像精靈和球形精靈元件元件

畫布 只是一個空白畫布，使用時經常配合 **圖像精靈** 和 **球形精靈** 元件，本例中為了讓範例更具完整性，先行使用 **圖像精靈** 元件。有關 **圖像精靈** 元件，請參考 5.2 節說明。

5.2 圖像精靈及球形精靈元件

圖像精靈 和 **球形精靈** 屬於 **繪圖動畫** 類別元件， 它是 APP Inventor 2 為動畫和遊戲所量身打造的元件，使用時必須配合 **畫布** 元件。

5.2.1 圖像精靈及球形精靈元件介紹

圖像精靈 通常會以 **圖片** 設定其背景圖，並以 **指向** 設定其移動方向，**速度** 設定每 **間隔** 時間移動的距離，同時也可以 **旋轉** 設定是否要依前進方向旋轉。當 **圖像精靈** 碰撞到 **畫布** 的邊界時，會觸發 **到達邊界** 事件，使用 **反彈** 方法可以將 **圖像精靈** 反彈。

球形精靈 元件和 **圖像精靈** 元件相似，兩者幾乎擁有相同的屬性、方法和事件，差別為 **圖像精靈** 以 **圖片** 設定背景圖，且可以設定 **旋轉** 屬性，而 **球形精靈** 則只能以 **半徑** 設定其半徑大小、**畫筆顏色** 設定單一顏色的背景。

圖像精靈、球形精靈元件常用屬性

屬性	說明
圖片	設定 **圖像精靈** 的背景圖。(**球形精靈** 無此屬性)
間隔	設定 **圖像精靈** 或 **球形精靈** 多久移動一次。
旋轉	設定 **圖像精靈** 是否依移動方向旋轉。(**球形精靈** 無此屬性)
指向	設定 **圖像精靈** 或 **球形精靈** 的移動方向。向右為 0^0，向上為 90^0, 向左為 180^0，向下為 270^0。
X 座標	設定 **圖像精靈** 或 **球形精靈** 相對於 **畫布** 的 X 座標。
Y 座標	設定 **圖像精靈** 或 **球形精靈** 相對於 **畫布** 的 Y 座標。
Z 座標	設定 **圖像精靈** 或 **球形精靈** 的層次。當元件重疊時，Z 值愈大者會置於較上層，預設值為 1.0。
速度	設定 **圖像精靈** 或 **球形精靈** 每次移動的距離。
半徑	設定 **球形精靈** 的半徑。(**圖像精靈** 無此屬性)

圖像精靈、球形精靈元件常用事件

事件	說明
碰撞 (其他精靈)	當 **圖像精靈** 或 **球形精靈** 元件和其他元件碰撞時會觸發此事件，**其他精靈** 代表和它碰撞的元件。
被拖曳 (起點 X 座標, 起點 Y 座標, 前點 X 座標, 前點 Y 座標, 當前 X 座標, 當前 Y 座標)	拖曳 **圖像精靈** 或 **球形精靈** 元件時會觸發此事件。**(起點 X 座標, 起點 Y 座標)** 為第一次觸碰的點, 並由座標 **(前點 X 座標, 前點 Y 座標)** 移到 **(當前 X 座標, 當前 Y 座標)**。
到達邊界 (邊緣數值)	當 **圖像精靈** 或 **球形精靈** 元件碰撞到 **畫布** 的邊緣時會觸發此事件。**邊界數值** 代表邊界的方位, 如下： -4 1 2 -3 3 -2 4 -1
結束碰撞 (其他精靈)	當 **圖像精靈** 或 **球形精靈** 元件和 **其他精靈** 元件結束碰撞時會觸發此事件。
被滑過 (x 座標, y 座標, 速度, 方向, 速度 X 分量, 速度 Y 分量)	當手指在 **圖像精靈** 或 **球形精靈** 元件上滑動會觸發 **被滑過** 事件。參數 **(x 座標, y 座標)** 傳回觸碰的位置, 參數 **速度** 表示滑動的速度, **方向** 表示滑動的方向, 參數 **速度 X 分量, 速度 Y 分量** 分別表示向左右、上下的滑動量。
被壓下 (x 座標, y 座標)	觸碰 **圖像精靈** 或 **球形精靈** 元件會觸發此事件, **(x 座標, y 座標)** 座標為觸碰的位置。
被觸碰 (x 座標, y 座標)	觸碰 **圖像精靈** 或 **球形精靈** 元件也會觸發此事件, **(x 座標, y 座標)** 座標為觸碰的位置。作用和 **被壓下** () 相似。
被鬆開 (x 座標, y 座標)	結束觸碰後會觸發此事件, **(x 座標, y 座標)** 座標為鬆開時 **圖像精靈** 或 **球形精靈** 元件時觸碰畫布的位置。

圖像精靈或球形精靈元件常用方法

方法	說明
反彈 (邊緣數值)	將 **圖像精靈** 或 **球形精靈** 元件從邊緣依 **邊緣數值** 的方向反彈。
碰撞偵測 (其他精靈)	檢查 **圖像精靈** 或 **球形精靈** 元件是否和 **其他精靈** 元件發生碰撞，**其他精靈** 代表和它碰撞的另一個元件。
移動到邊界 ()	當 **圖像精靈** 或 **球形精靈** 元件超出邊緣時，將它移回邊界內。
移動到指定位置 (x 座標 , y 座標)	將 **圖像精靈** 或 **球形精靈** 元件移動到 (**x 座標 , y 座標**) 座標位置。

範例：使用畫布和圖像精靈製作遊戲效果

在 **畫布** 中布置一個 **圖像精靈** 元件，背景圖為網球，滑動 **圖像精靈** 元件會觸發 **被滑過** 事件，並將網球發出，當網球碰到 **畫布** 邊緣時會反彈。

(ch05\ex_Tennis.aia)

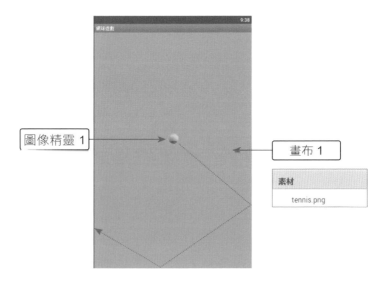

» 使用元件及其重要屬性

元件類別	名稱	屬性	說明
畫布	畫布1	背景顏色：粉紅色 寬度：100 比例 高度：100 比例	設定畫布背景色和大小。
圖像精靈	圖像精靈1	指向：0、間隔：100 圖片：tennis.png 旋轉：真、速度：0 高度：自動、寬度：自動	設定 **圖像精靈** 的背景圖為 \<tennis.png\>。

» 程式拼塊

1. 當滑動 **圖像精靈** 元件會觸發 **被滑過** 事件，將網球依滑動方向發出。

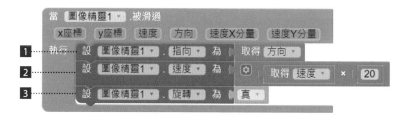

> **1** 依滑動方向發出。
>
> **2** **速度** 為滑動的速度，我們故意將它乘以 20 讓速度加快。
>
> **3** 依移動方向旋轉。

2. 當網球碰到 **畫布** 的邊緣時，以 **反彈** 方法將網球依 **邊緣數值** 的方向反彈。

5.2.2 圖像精靈及球形精靈元件拖曳的處理

拖曳是遊戲常用的技巧，通常會將被拖曳的元件移至最上層，拖曳時一樣會接收許多參數，必須精準掌握這些參數，才能展現其強大的功力。

圖像精靈、球形精靈元件的拖曳

拖曳 **圖像精靈** 元件時會觸發 **被拖曳** 事件， 並接收一系列的參數，其中 (**起點 X 座標, 起點 Y 座標**) 為第一次觸碰的點，(**前點 X 座標, 前點 Y 座標**) 為上一次的觸碰點，(**當前 X 座標, 當前 Y 座標**) 為目前的觸碰點。

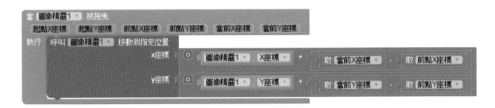

利用這些參數，即可以對 **圖像精靈** 元件進行拖曳，即：

圖像精靈 1.X 座標 = 圖像精靈 1.X 座標 + (當前 X 座標 − 前點 X 座標)
圖像精靈 1.Y 座標 = 圖像精靈 1.Y 座標 + (當前 Y 座標 − 前點 Y 座標)

圖像精靈、球形精靈元件的 Z 座標屬性

如果 **畫布** 上有多個動畫元件，通常會將被拖曳的元件移至最上層。利用 **圖像精靈** 或 **球形精靈** 元件的 **Z 座標** 屬性即可達成。**圖像精靈** 或 **球形精靈** 元件的 **Z 座標** 屬性表示該元件的層次， **Z 座標** 值愈大表示愈上層。 如下圖：撲克牌 **Q** 在撲克牌 **J** 的上方。

在介面配置階段，建立的 **圖像精靈** 或 **球形精靈** 元件，預設的 **Z 座標** 屬性為 1.0，如果建立多個 **圖像精靈** 或 **球形精靈** 元件，所有元件的 **Z 座標** 屬性都是 1.0。由於所有的 **圖像精靈** 或 **球形精靈** 元件的 **Z 座標** 屬性都是 1.0，APP Inventor 2 會將較後建立或較後拖曳的 **圖像精靈** 或 **球形精靈** 元件放置在最上層。

也可以在程式執行階段，設定 **Z 座標** 屬性將該元件移至上層。

例如： 設定 **圖像精靈** 1.Z 座標 = 2.0 則 **圖像精靈** 1 將移至其他 **圖像精靈** 屬性 Z 座標 = 1.0 元件的上層。

當所有 **圖像精靈** 或 **球形精靈** 元件的 **Z 座標** 屬性都相同時，只要在程式執行階段再以原來的 **Z 座標** 值重新設定一次，該元件將會移至最上層。

例如： 在介面配置階段設定 **圖像精靈** 1.Z 座標 =1.0 、 **圖像精靈** 2.Z 座標 =1.0、**圖像精靈** 3.Z 座標 =1.0 。

在執行階段，設定 **圖像精靈** 1.Z 座標 =1.0，則 **圖像精靈** 1 元件會移至最上層，設定 **圖像精靈** 2.Z 座標 =1.0，則 **圖像精靈** 2 元件會移至最上層。同理，設定 **圖像精靈** 3.Z 座標 =1.0，則 **圖像精靈** 3 元件將會移至最上層。

範例：物件拖曳

兩個 **圖像精靈** 元件分別為老虎和猴子，按下老虎和猴子可以將之拖曳，被拖曳的物件會移至最上層顯示。

(<ch05\ex_DragMe.aia>)

 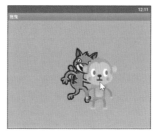

» 介面配置

» 程式拼塊

1. 按下老虎和猴子，分別以變數 **編號** 記錄編號，老虎和猴子編號分別為 1、2。

2. 判斷拖曳者是否為老虎，成立時才拖曳該物件。當老虎和猴子重疊時，如果不檢查將會產生誤判，加上 **編號** 的判斷即可明確拖曳指定的物件。

 1 如果是編號 1，拖曳的物件就是老虎。

 2 將拖曳的物件到最上層。

 3 拖曳物件。

3. **猴子．被拖曳** 事件和 **老虎．被拖曳** 相似，但必須檢查編號為 2，不再贅述。

5.3 綜合演練：乒乓球遊戲 App

使用者用手指按下紅色的球開始發球，遊戲者可左、右拖曳紅色擋板，當球碰到紅色擋板可得 50 分並反彈，碰到 **畫布** 的右、上、左邊緣時也會反彈但不會得分，碰到 **畫布** 下邊緣，則結束遊戲並將紅色球移到螢幕中央。

`(ch05\ex_PingPong.aia)`

  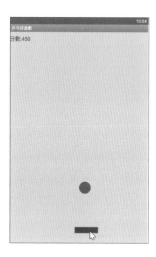

» 介面配置

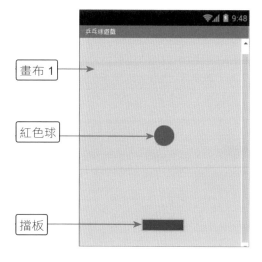 

請在 **素材** 區上傳範例資料夾 <media> 裡的 <bar.png>。

» 使用元件及其重要屬性

名稱	屬性	說明
Screen1	水平對齊：居中 垂直對齊：居上 螢幕方向：鎖定直式畫面 視窗大小：自動調整	設定螢幕為直式畫面，大小自動調整。
畫布 1	寬度：100% 比例 背景顏色：淺灰 高度：100% 比例	設定畫布大小寬度、高度填滿整個螢幕。
紅色球	指向：0、間隔：100 畫筆顏色：紅色 速度：0、半徑：20	設定紅色球的畫筆顏色為紅色。
擋板	圖片：bar.png 寬度：80 像素、高度：20 像素	設定擋板背景圖為 <bar.png>。

» 程式拼塊

1. 建立變數 **得分** 記錄遊戲得分，並將擋板移動到螢幕下方居中的位置。

初始化全域變數 得分 為 0

當 Screen1 初始化
執行 設 擋板 . X座標 為 畫布1 . 寬度 / 2
　　 設 擋板 . Y座標 為 畫布1 . 高度 - 200

3. 按下 **紅色球** 開始將球發出。

1 按下 **紅色球** 開始發球。

2 程式開始，設定得分為 0。

3 以自訂程序 **顯示得分** 顯示遊戲得分。

4 將 **紅色球** 移至螢幕中央。

5 發球的方向為 30~120 中以亂數取得的角度，球速為 50。

4. 自訂程序 **顯示得分** 以藍色、字體大小為 18，顯示遊戲得分。

5. 當 **紅色球** 碰到邊界的處理。

1 如果是碰到下邊界，表示遊戲結束，將 **紅色球** 停止移動，並移到螢幕中央準備再進行遊戲。

2 如果是碰到右、上、左邊界，將 **紅色球** 反彈。

6. 當 **紅色球** 碰到擋板，得分加 50 分。

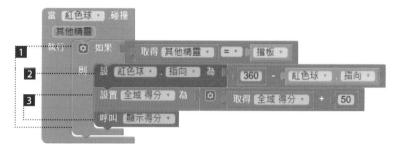

1 判斷 **紅色球** 是否碰到擋板。

2 將 **紅色球** 反彈。球移動後碰撞到擋板再反彈的方向計算公式為：**反彈方向 =(360- 移動方向)**。例如：球朝著 300^0 方向移動，在碰撞到擋板後反彈方向為 60^0 (360-300=60)。

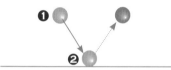

球先在 ❶ 位置朝右下角 300^0 方向移動，在 ❷ 碰到擋板後就往右上角 60^0 方向移動。

3 得分加 50 分，更新得分。

7. 拖曳擋板的處理。

1 接收的參數，其中 (**當前 X 座標 , 當前 Y 座標**) 為目前的觸碰點。

2 將 **擋板** 的中心點移到目前的觸碰點 **當前 X 座標** 位置上。

APP 專案：電子羅盤

在智慧型手機中，大部分都有方向感測器，它能偵測目前的方位，並將數據回傳到設備上接收應用。

「電子羅盤」即是善用方向感測器元件的功能來製作一個真實可用的電子羅盤。

6.1 專案介紹：電子羅盤

電子羅盤就是電子式的指南針，使用電磁感測器原理，可以辨別方向，這個專案結合了方向感測器，製作電子羅盤，讓讀者對方向感測器有更深入的了解。

只要能夠善用 **方向感測器** 元件的 **方位角** 參數，我們就可以製作一個電子羅盤。

6.2 專案使用元件

APP Inventor 2 主要有 **加速度感測器**、**位置感測器** 和 **方向感測器** 等三種感測器，這些元件都是屬於 **感測器** 類別的元件。在這個專案中，除了使用基本的 **標籤**、**畫布**、**圖像精靈** 元件，主要是使用 **方向感測器** 來辨別方位。

6.2.1 方向感測器元件

智慧型手機與平板電腦上都有 **方向感測器**，它能偵測目前的方位。

認識方向感測器元件

方向感測器 元件，可用以偵測目前的方位，當方位改變時，會觸發 **方向感測器** 元件的 **方向變化** 事件，並傳遞 3 個參數：**方位角**、**傾斜角** 及 **翻轉角**。

當 方向感測器1 ▾ .方向變化
　　方位角　傾斜角　翻轉角
執行

主要屬性和事件

屬性方事件	說明
方位角 屬性	傳回 Z 軸方向旋轉角度。
傾斜角 屬性	傳回 X 軸方向旋轉角度。
翻轉角 屬性	傳回 Y 軸方向旋轉角度。
強度 屬性	傳回介於 0~1 之間的數，代表設備傾斜度。
角度 屬性	傳回一個角度，代表如果在平放的行動裝置上放置一顆小球將滾動的方向。向右為 0^0、向上為 90^0、向左為 180^0、向下為 -90^0。
方向變化 事件	當方向改變時會觸發此事件並傳遞 **方位角**、**傾斜角** 及 **翻轉角**。

關於角度的設定

角度 表示該元件移動的方向，是以方位角表示，即 $\theta = \theta \pm 360$。所以方向向左 $\theta = 180$，也可以是 $\theta = -180$；方向向下 $\theta = -90$，也可以 $\theta = 270$ 表示。

深入解析

傾斜角 代表 X 軸方向旋轉， **翻轉角** 代表 Y 軸方向旋轉， **方位角** 則代表 Z 軸方向旋轉。

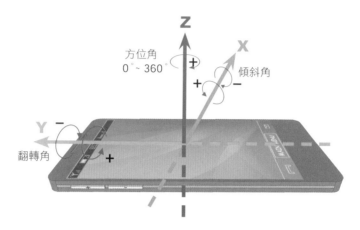

將手機水平放置後，當手機朝北， **方位角** 角度為 0°；朝東角度為 90°；朝南角度為 180°，依此類推。

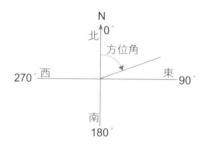

此外， **方向感測器** 元件的 **強度** 屬性會傳回一個介於 0~1 之間的數，代表設備傾斜度，手平放置時 **強度** 為 0，愈傾斜數值會增加，傾斜 90° 時 **強度** = 1。

角度 屬性會傳回一個角度，代表如果在水平放置的行動裝置上放置一顆小球將滾動的方向，向右為 0°，向上為 90°，向左為 180°，向下為 -90°。

利用這兩個屬性，就可以控制移動方向和速度。例如：控制球滾動的方向和速度。

範例：取得方向感測器的值

利用行動裝置的加速度感測器取得 X、Y 和 Z 軸的旋轉角度、設備傾斜度以及移動的方向，所有的數據會顯示在最上方的標籤元件中。(ch06\ex_OrientationSensor.aia)

當行動裝置正面向上平放時，畫布上的藍色球不動，抬起行動裝置左方時，球向右移動；抬起右方時，球向左移動；抬起上方時，球向下移動；抬起下方時，球向上移動。

左下圖中，藍色球向右下緩慢移動，此時的 **強度** (傾斜角度) 為 0.05569、**角度**為 -20.05414，右下圖中，藍色球向上移動，此時的 **強度** (傾斜角度) 為 0.10175、**角度** 為 88.40965。

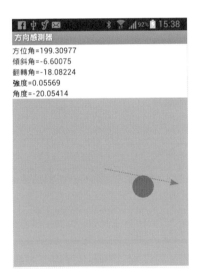 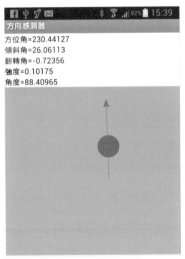

專案練習建議

因為使用感測器，建議使用 **實機** 測試或安裝執行專案。

» 介面配置

» 程式拼塊

1. 建立全域變數 **倍率** 調整移動速度的倍率,並設定移動的方向和速度。

■1 由於 **強度** 的值介於 0~1 之間,這樣的傾斜度實際的移動量太小,通常會再乘以一個放大的倍率,本例設定為放大 100 倍。

■2 當方位改變時,會觸發 **方向變化** 事件,在此事件中會接收 3 個參數,分別代表 Z 軸方向旋轉、X 軸方向旋轉和 Y 軸方向旋轉角度。

■3 設定藍色球依方向感測器的 **角度** 方向前進,移動速度為 **強度** 乘以 100 倍。

2. 每 0.2 秒會觸發 **計時** 事件，並顯示 **方位角**、**傾斜角**、**翻轉角**、**強度** 和 **角度**。

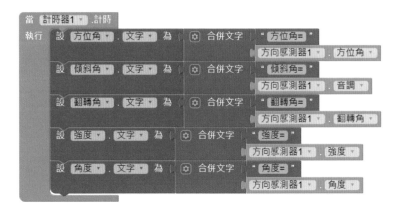

 Google Maps 配合電子羅盤

Google Maps 配合電子羅盤使用時，可以在地圖上出現箭頭指示你現在的方向，讓我們知道往哪個方向走。

目前 APP Inventor 2 顯示 Google Maps 的 **網路瀏覽器** 元件或 **Activity 啟動器** 元件，並未提供在地圖中崁入 **方向感測器** 元件功能。

6.3 電子羅盤 APP

當觸發 **方向變化** 事件，會傳遞 **方位角**、**傾斜角** 及 **翻轉角** 等 3 個參數。**傾斜角** 和 **翻轉角** 分別代表 X、Y 軸方向旋轉角度，也比較容易了解。而 Z 軸方向旋轉角度 **方位角** 則比較抽象。

電子羅盤就是電子式的指南針，使用電磁感測器原理，可以辨別方向，這個專案我們以電子羅盤來呈現，讓讀者對 **方位角** 參數有更深入的了解。

6.3.1 專案發想

只要能夠善用 **方向感測器** 元件的 **方位角** 參數，我們就可以製作一個電子羅盤。

6.3.2 專案總覽

本範例請將手機平放並依 Z 軸方向旋轉，左下圖為手機朝向北方 (N)，此時 **方位角** 值接近 0；右下圖將手機順時針旋轉 900，手機的上方即為東方 (E)，因此左方為北方 (N)。(ch06/mypro_Compass.aia)

專案練習建議

因為使用 **方向感測器**，建議使用 **實機** 測試或安裝執行專案。

介面配置

使用元件及其重要屬性

名稱	屬性	說明
Screen1	標題：電子羅盤 圖示：icon_Compass.png 螢畫方向：鎖定直式畫面 視窗大小：固定大小 App 名稱：mypro_Compass 背景顏色：淺灰	設定應用程式標題、圖示，螢幕方向為直向。
方位角	寬度：自動、高度：自動	顯示目前方位。
畫布 1	寬度：填滿 高度：360 像素	設定畫布大小寬度填滿整個螢幕、高度 360 像素。
圖像精靈 1	圖片：Compass.png	設定背景圖為 <Compass.png>。

程式拼塊

利用 **圖像精靈** 的 **指向** 設定，修正手機 Z 軸旋轉角，讓 **圖像精靈** 羅盤背景圖中的 N 永遠指向北方。

1 接收參數，本例中只使用 **方位角** 取得 Z 軸方向旋轉角度。

2 修正 **圖像精靈** 1 的 **指向** 角度為手機 Z 軸旋轉 **方位角**，讓羅盤背景圖中的 N 永遠指向北方。

方位角 角度值為 0°時，羅盤背景圖中的 N 朝向手機上方，並依逆時針計算，90°時 N 朝向手機左方，180°時 N 朝向手機下方，270°時 N 朝向手機右方。

例如：我們將手機朝東，此時 **方位角** = 90，如果不刻意修正 **圖像精靈** 1 的 **指向** 角度，則羅盤的 N 將會指向東方，為了讓 N 真正指向北方，必須以 **圖像精靈 1.指向** = **方位角** 將羅盤背景圖中的 N 逆時針旋轉 90°，因此旋轉後 N 的方向即為北方。

3 顯示 Z 軸方向旋轉的 **方位角**。

6.3.3 未來展望

善用 **方向感測器** 感測器的 **角度** 和 **強度** 屬性，可以控制 **圖像精靈** 或 **球形精靈** 元件的 **方向** 和 **速度** 屬性，控制移動方向和移動速度，在遊戲應用上相當實用。本章中，雖然未加以深入的應用，但我們探討的相關技術應足以提供相當的幫助。

其實，我們本來的期望是結合 **網路瀏覽器** 元件、**位置感測器** 和 **方向感測器**，先以 **位置感測器** 取得目前的定位點及定位圖示，然後在定位圖示上結合 **方向感測器**，導引目前的方位。

很遺憾地， APP Inventor 2 顯示 Google Maps 的 **網路瀏覽器** 元件或 **Activity 啟動器** 元件，並未提供在地圖中崁入 **方向感測器** 元件的功能。

目前 APP Inventor 2 新提供的地圖元件， 可以設定顯示指南針，也可以結合 **位置感測器** 設定目前所在的位置，並使用 **導航** 元件作導航 (註：必須申請 ApiKey)。

APP 專案：手機搖搖樂

「手機搖搖樂」專案執行後，當手機搖動時會觸發加速度
感測器的被晃動事件，充分利用這個特性，就能進行計次
的動作。

在許多 APP 中有不少關於搖晃手機的有趣應用，例如搖
搖手機就能搜尋週遭景點、與附近朋友交換電話 ... 等。
而這個專案改用它來搖手機比賽，閒暇時可以拿出來和好
友 PK，不但具有娛樂效果，同時也達到運動目的。

7.1 專案介紹：手機搖搖樂

按下 **開始倒數計時** 鈕，就會開始倒數計時，此時小鼓聲響起，當倒數時間終了，鈴聲大作，選手就可開始用力地搖動手機，每搖動一次手機就會聽到「咔、咔」的聲音。當比賽時間終了，鈴聲也會大作，畫面上會顯示您搖動次數，如果您的成績破記錄，就會被記錄至 **微型資料庫** 中，並成為比賽最高的記錄。

因為使用 **加速度感測器** 及 **微型資料庫** 儲存資料，同時採用多 Screen 設計，建議要以 apk 實機安裝才能正常執行，實機模擬無法正常執行。

7.2 多 Screen 專案

建立 APP Inventor 2 專案時，系統會自動建立 Screen1 頁面，事實上我們可以按
新增螢畫 鈕新增多個 Screen 頁面，並在不同 Screen 頁面間切換。

7.2.1 Screen 元件

Screen 元件是一個應用程式頁面，自動建立的 Screen 元件名稱為 Screen1，此名
稱無法修改，Screen1 元件也無法刪除。

屬性

屬性	說明
應用說明	說明應用程式的用途、功能、使用方法等。
水平對齊	設定水平方向的對齊方式：靠左、靠右、置中。
垂直對齊	設定垂直方向的對齊方式：靠上、靠下、置中。
App 名稱	設定應用程式名稱。
背景顏色	設定背景顏色。
背景圖片	設定背景圖形。
關閉螢幕動畫	關閉 Screen 時播放的動畫，其值有 **預設效果**、**淡出效果**、**縮放效果**、**水平滑動**、**垂直滑動**、**無動畫效果**。
圖示	設定應用程式圖示。
開啟螢幕動畫	開啟 Screen 時播放的動畫，其值有 **預設效果**、**淡出效果**、**縮放效果**、**水平滑動**、**垂直滑動**、**無動畫效果**。
螢幕方向	設定螢幕方向，其值有 **未指定方向**、**鎖定直式畫面**、**鎖定橫向畫面**、**根據感測器**、**使用者設定**。
允許捲動	若核取此選項，螢幕會顯示垂直捲軸，使用者可以上下捲動。
標題	設定應用程式標題。
標題顯示	設定是否顯示標題列。
版本編號	版本號碼。
版本名稱	版本名稱。

Screen 元件常用的事件為 **初始化** 事件，此事件會在啟動 Screen 元件時觸發，通
常用來做應用程式的初始化，例如變數初始值設定。

7.2.2 Screen 元件管理

如果應用程式較為複雜，需要使用多個頁面，可以新增 Screen 元件達成多頁面功能。新增 Screen 元件的方法是按 **新增螢幕** 鈕，於 **新增螢幕** 對話方塊中， **螢幕名稱** 欄位輸入 Screen 名稱，按 **確定** 鈕就新增一個 Screen 頁面。Screen 名稱只能輸入英文不可輸入中文，輸入 Screen 名稱必須慎重，一旦建立 Screen 頁面後就無法更改名稱。

新增 Screen 頁面後會自動切換到新增的 Screen 頁面編輯，若要切換回 Screen1 頁面，可按頁面選擇鈕，再於下拉式選單點選 Screen1，此方法可在不同頁面間切換。按 **刪除螢幕** 再輸入螢幕名稱可移除指定的 Screen 頁面。

Screen1 頁面無法更名及移除

新增的 Screen 頁面可以自訂頁面名稱，也可以將其移除，但系統自動產生的 Screen1 頁面則無法修改頁面名稱，也無法將其移除。

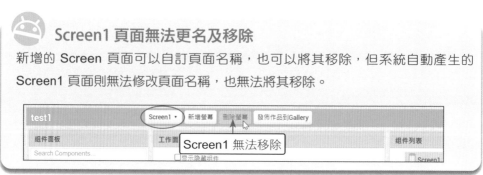

7.2.3 程式切換頁面

在 APP Inventor 2 中可藉由頁面選擇下拉式選單任意切換 Screen 頁面，在應用程式中 Screen 元件提供 **開啟另一畫面** 拼塊執行開啟 Screen 頁面功能：

 開啟另一畫面 畫面名稱 ◄── 要開啟的 Screen 頁面名稱

例如要開啟名稱為 ScreenSecond 的 Screen 頁面：

開啟另一畫面 畫面名稱 ScreenSecond ▾

切換到新 Screen 頁面後，原來的 Screen 頁面並未關閉，只是退到幕後並未顯示而已。若要回到原來 Screen 頁面，只要執行 **關閉畫面** 拼塊就可關閉目前 Screen 頁面，回到原來 Screen 頁面了！

關閉畫面

每個 Screen 頁面的程式拼塊各自獨立

每一個 Screen 頁面的程式拼塊都是獨立運作，無法使用其他 Screen 頁面建立的變數及程序。例如下圖中 Screen1 無法使用 Screen2 的 **兩數相加** 程序，Screen2 也無法使用 Screen1 的 **分數** 變數。

▲ Screen1程式拼塊

▲ Screen2程式拼塊

7.3 專案使用元件

這個專案除了使用基本的 **標籤**、**按鈕**、**畫布** 元件之外，也利用 **加速度感測器** 搖晃的動作來進行比賽，同時也使用 **微型資料庫** 儲存最高得分，此外也使用 **計時器**、**對話框** 和 **音效** 元件描述比賽的情境。

7.3.1 音效元件

功能說明

音效 元件可以播放聲音檔，其主要功能是播放較短的音效檔，例如遊戲中常用的碰撞聲等。**音效** 元件的另一功能是讓手機產生震動，並且可以設定震動時間。**音效** 元件位於 **多媒體** 類別，屬於非可視元件。

屬性及方法

音效 元件只有兩個屬性：

屬性	說明
來源	設定播放的聲音檔。
最小間隔	播放音效的長度，即在 **最小間隔** 時間內，音效無法重複播放。

音效 元件使用下列方法播放聲音及產生震動：

方法	說明
暫停	暫時停止播放音效。
播放	開始播放音效。
回復	繼續播放音效。
停止	停止播放音效。
震動	設定手機產生震動，時間單位為毫秒 (ms)。

深入解析

為了防止 **音效** 元件播放音效時被意外中止，可以設定 **最小間隔** 屬性，控制音效在 **最小間隔** 時間內無法重複播放。

在播放音效方面，**音效** 元件具備完整播放功能：從頭播放、暫停播放、繼續播放及

停止播放。請注意 **播放** 及 **回復** 方法的差異：**播放** 方法是從頭播放音效，**回復** 方法是由暫停處繼續播放音效。

震動 方法可以讓于機產生震動，震動時間由參數傳入，時間單位為毫秒，例如下面程式拼塊可讓手機震動 2 秒：

7.3.2 音樂播放器元件

功能說明

音樂播放器 元件也是用來播放聲音檔，與 **音效** 元件不同處，在於其主要是播放較長的音樂檔案，例如遊戲中常用的背景音樂等。**音樂播放器** 元件也可讓手機產生震動，並且可以設定震動時間。**音樂播放器** 元件位於 **多媒體** 類別，屬於非可視元件。

屬性、方法及事件

音樂播放器 元件的屬性有：

屬性	說明
循環播放	設定是否循環播放。
只能在前景運行	設定當螢幕退到幕後時是否暫停播放，true 暫停播放，false 繼續播放，預設為 false。此屬性必須以 apk 檔安裝才有作用。
播放狀態	目前是否正在播放中。
來源	設定播放的聲音檔。
音量	設定播放音量大小，最小值由 0~100，預設為 50。

音樂播放器 元件常用方法和事件有：

方法與事件	說明
暫停 方法	暫停播放聲音。
開始 方法	開始或繼續播放聲音。
停止 方法	停止播放聲音。
震動 方法	設定手機產生震動，時間單位為毫秒 (ms)。
已完成 事件	當聲音檔播放結束會觸發此事件。

深入解析

音樂播放器 元件適合播放時間較長的音樂檔,與 **音效** 元件相較,**音樂播放器** 元件多了 **循環播放** 屬性控制音樂是否要循環播放,在播放背景音樂時特別有效,無論背景音樂的長短如何,設定 **循環播放** 屬性後就可使遊戲期間背景音樂永不停止。 **音樂播放器** 元件另外還多了 **音量** 屬性來控制播放音量的大小。

在播放聲音檔方面,**音樂播放器** 元件較 **音效** 元件少了一項播放功能:從頭播放,**音樂播放器** 元件的 **開始** 方法相當於 **音效** 元件的 **回復** 方法,功能是繼續播放聲音檔。如果在 **音樂播放器** 元件要從頭播放聲音檔,應如何做呢?做法是先使用 **停止** 方法停止播放聲音檔,再用 **開始** 方法播放即可:

```
當 按鈕1 ▼ .被點選
執行  呼叫 音樂播放器1 ▼ .停止
     呼叫 音樂播放器1 ▼ .開始
```

音樂播放器 元件較 **音效** 元件多了 **已完成** 事件:因為 **音樂播放器** 元件通常用來播放較長的樂曲,如果有事項需在播放完樂曲後處理,即可將這些事項置於 **已完成** 事件中,例如一般音樂播放器在播完一首樂曲後,會自動播放下一首,就可將播放下一首的程式拼塊置於 **已完成** 事件內。

播放 SD 卡中的聲音檔

音樂播放器 元件播放的音樂檔通常容量相當大,由於伺服器上傳容量的限制,部分音樂檔無法上傳到 APP Inventor 2 伺服器端;現在行動裝置 SD 卡容量越來越大,最好的方法是將音樂檔放置在 SD 卡上。 要播放 SD 卡上音樂檔的路徑為:

```
file:///storage/emulated/SD 卡路徑
```

例如:按下按鈕播放 SD 卡中 <Music> 資料夾的 <summersong.mp3> 音樂檔,其程式拼塊為:

```
當 按鈕1 ▼ .被點選
執行  設 音樂播放器1 ▼ . 來源 ▼ 為 " file:///storage/emulated/0/Music/summersong.mp3 "
     呼叫 音樂播放器1 ▼ .開始
```

7.3.3 計時器元件

功能說明

■ **計時器** 元件主要有兩大功能：取得系統時間及定時觸發某個事件。

■ **計時器** 元件最主要的用途是每隔指定時間會觸發 **計時** 事件，設計者只要將重複執行的程式拼塊置於 **計時** 事件中即可。時鐘、鬧鐘、碼錶等計時應用程式就是其實作範例，遊戲中的計時也是使用此功能來達成。

■ **計時器** 元件屬於 **感測器** 類別，是非可視元件，並不會顯示於螢幕中。

屬性、方法及事件

計時器 元件只有 3 個屬性：

屬性	說明
持續計時	若 **持續計時** 為 **真**，則即使 APP Inventor 2 程式不在螢幕前端執行，計時器仍然會繼續觸發。
啟用計時	設定 **計時器** 元件是否有作用。
計時間隔	設定 **計時** 事件多久觸發一次，單位是毫秒 (ms)，預設值為 1000，即 1 秒觸發一次。

計時器 元件常用事件有：

事件	說明
計時 事件	每隔 **計時間隔** 屬性設定的時間，會觸發 **計時** 事件一次。

7.3.4 計時事件

計時器 元件能重複執行特定程式拼塊是使用 **計時** 事件：**計時器** 元件每隔一段時間會觸發 **計時** 事件，設計者只要將重複執行的程式拼塊置於 **計時** 事件中即可，程式拼塊為：

當 **計時器1** . 計時
執行 ← 重複執行的程式拼塊置於此

重複執行的時間間隔以 **計時間隔** 屬性設定，單位是「毫秒 (ms)」，預設值為「1000」，也就是每一秒重複執行 **計時** 事件中的程式拼塊一次。由於 **計時** 事件會不斷被觸發，佔用的系統資源相當大，若 **計時間隔** 屬性值設定太小，例如 **計時間隔** 屬性值設定為 1，則每秒將執行 1000 次，可能會因此而導致電腦當機，使用時不可不慎！

如果要暫時停止重複執行 **計時** 事件中的程式拼塊，可將 **啟用計時** 屬性值設為 **假**，若將 **啟用計時** 屬性值設為 **真** 就可恢復重複執行功能。**啟用計時** 屬性值預設為 **真**。

範例：計時碼錶

按下 **開始計時** 按鈕會開始計時，按下 **暫停計時** 按鈕則停止計時，按下 **歸零** 按鈕將時間重設為 0。(**ch07\ex_Clock.aia>**)

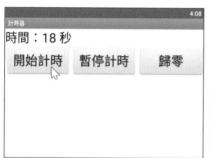

» 介面配置

» 程式拼塊

1. 建立全域變數 **秒數** 並設初值為 0，剛開始先停止計時，設定計時器每一秒鐘執行一次。

2. 按下 **開始計時**、**暫停計時** 和 **歸零** 按鈕。

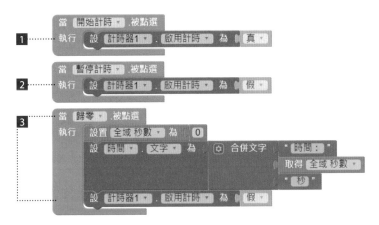

   1 按下 **開始計時** 按鈕開始計時。

   2 按下 **暫停計時** 按鈕停止計時。

   3 按下 **歸零** 按鈕將時間重設為 0 並停止計時。

3. 當 **計時器** 的 **計時間隔** 計時時間到了，就會執行 **計時** 事件，本例是將 **秒數** 累加 1，並顯示在 **時間** 標籤。

7.3.5 微型資料庫元件

在專案開發的過程中，資料庫的使用十分重要，利用資料庫可以將資料儲存起來，方便以後繼續處理和分析，讓專案能作更進階的應用。

APP Inventor 2 提供 **微型資料庫** 元件將資料儲存在模擬器或行動裝置內。請注意：只有以 apk 檔實機安裝方式，才會為每個專案建置該專案專屬的 **微型資料庫**，如果是以模擬器或以行動裝置當作模擬器執行，則只會共用一個 APP Inventor 2 提供的共用資料庫。**微型資料庫** 元件的功能雖然很強大，但沒有任何屬性及事件，**微型資料庫** 元件的方法如下：

微型資料庫元件的方法

方法	說明
清除所有資料 ()	刪除所有的資料。
清除標籤資料 (標籤)	刪除指定的標籤名稱。
取得標籤資料 ()	取得所有的標籤名稱。
儲存數值 (標籤 , 儲存值)	將 **儲存值** 資料以指定的 **標籤** 名稱儲存，**標籤** 名稱的型別必須是字串型別，**儲存值** 可以是字串、數值或是清單。
取得數值 (標籤 , 無標籤時之回傳值)	取得指定 **標籤** 名稱的資料，如果找不到資料，將會傳回 **無標籤時之回傳值** 所定義的字串，預設是空字串。

範例：個人小日記

請依西元年月日格式，例如：「20220101」，輸入標籤名稱後按 **查詢** 鈕，如果該標籤名稱不存在，則會以此標籤名稱建立一個新的標籤，同時顯示「開新檔案！」對話方塊，使用者可以在編輯完內容後按 **儲存文件** 鈕。(ch07\ex_TinyDB.aia)

如果該標籤名稱已經存在，則會讀取該標籤資料內容，同時顯示在下方的文字輸入盒中。在文字輸入盒中輸入文字後，按下 **儲存文件** 鈕即可將文件儲存並顯示「儲存完畢！」對話方塊。

 刪除微型資料庫資料的方法

刪除 **微型資料庫** 資料的方法有兩種，**清除所有資料** 方法可以刪除所有資料，而 **清除標籤資料** 方法則可以刪除指定標籤的資料。

» 介面配置

標籤名稱 用以輸入標籤名稱，**提示** 屬性請設定為「請輸入西元日期，如 20220101」。

垂直配置 元件 **垂直配置 1** 版面配置中包含 **標籤文字內容** 和 **儲存文件** 元件，用來顯示標籤文字內容， 其中 **標籤文字內容** 的 **允許多行** 屬性設定為核選，**垂直配置 1** 的 **可見性** 屬性設定為「假」，因此，執行時文字內容並不會在螢幕上顯示，必須按下 **查詢** 鈕後才會顯示。

» 程式拼塊

1. 按下 **查詢** 鈕，判斷指定標籤名稱是否已存在，顯示「開新檔案！」 對話方塊或該標籤儲存的資料內容。

1 將顯示文字內容的文字輸入盒和 **儲存文件** 鈕，設定為顯示。

2 如果標籤名稱不存在，傳回 **無標籤時之回傳值** 預設的空字串，顯示「開新檔案！」對話方塊，並且清除輸入的文字輸入盒。

3 如果標籤名稱已存在，讀取該標籤的文字內容。

2. 輸入資料後，按下 **儲存文件** 鈕將資料儲存，同時將 **儲存文件** 鈕隱藏。

1 如果標籤名稱有輸入，將資料儲存並顯示「儲存完畢！」對話方塊。

2 將顯示文字內容的文字輸入盒和 **儲存文件** 鈕，設定為隱藏。

7.4 手機搖搖樂 APP

這個專案結合了手機的 **加速度感測器**，利用手機搖動時會觸發 **被晃動** 事件的特性，製作搖手機的程式。同時，也將成績記錄至 **微型資料庫** 資料庫中，整個程式架構並不難，為了增加它的趣味性，按下 **開始倒數計時** 鈕，會以大大的版面顯示時間倒數的過程，並且在搖動的過程中，配合「咔、咔」的音效，讓您有身歷其境的感覺。

7.4.1 專案發想

當手機搖動時，會觸發 **加速度感測器** 的 **被晃動** 事件，這顯然提供了很好的靈感，以前我們曾用它來進行摸彩，這個專案改用它來搖手機比賽，閒暇時可以拿出來和好友 PK，不但具有娛樂效果，同時也達到運動目的。

7.4.2 專案總覽

剛開始會出現比賽的說明，按下 **開始倒始計時** 鈕，就會開始倒數計時，此時小鼓聲響起，當倒數時間終了，鈴聲大作，選手就可開始用力地搖動手機，每搖動一次手機就會聽到「咔、咔」的聲音。

比賽時間共 10 秒，當比賽時間終了，鈴聲也會大作，畫面上會顯示您搖動次數，如果您的成績破記錄，記錄就會被記錄至 **微型資料庫** 中，成為比賽最高的記錄。

專案路徑：<ch07\mypro_ShakeGame.aia>

因為使用感測器，建議使用 **實機** 測試或安裝執行專案。

7.4.3 介面配置

本專案使用多 Screen 的模式設計，共有 Screen1 和 ScreenDownCount 兩個頁面。其中 ScreenDownCount 頁面用以呈現比賽前從 5 秒倒數計時的畫面，而實際比賽包括比賽說明、搖手機、比賽成績等則都在 Screen1 頁面中呈現。

Screen1 頁面

Screen1 頁面中包含 **手機搖動動畫版面**、**開始倒數計時版面**、**使用說明版面** 和 **遊戲記錄版面** 等 4 個版面組成。

» 手機搖動動畫版面

手機搖動動畫版面 是水平配置版面，主要是呈現手機搖動的動畫，包含一個 **畫布**，在 **畫布** 中再佈置一個 **圖像精靈** 元件，配合 **計時器** 元件，定時更新 **圖像精靈** 的背景圖，讓手機呈現搖動的動畫。

» 開始倒數計時版面

開始倒數計時版面 是水平配置版面，版面主要包含一個 **按鈕** 元件，當按下 **開始倒數計時** 按鈕，即會將這個版面隱藏，等比賽時間終了，再將版面顯示。

» 使用說明版面和遊戲記錄版面

使用說明版面 是垂直配置版面，主要包含一個 **圖像** 元件，作為遊戲的說明，遊戲開始會顯示這個版面，當按下 **開始倒數計時** 按鈕，即會將這個版面隱藏。**遊戲記錄版面** 也是垂直配置版面，是遊戲中顯示遊戲最高記錄、剩餘時間和目前搖動次數的版面。

» 使用元件及其重要屬性

在 **手機搖動動畫版面** 中包含一個 **畫布 1** 畫布用以放置抽籤的背景圖，並在 **畫布 1** 上佈置一個 **手機搖動動畫** 圖像精靈元件顯示手機搖動的動畫，**開始倒數計時版面** 則佈置了使用導引的說明文字。程式開啟會顯示這些畫面。

名稱	屬性	說明
Screen1	App 名稱：mypro_ShakeGame 標題：手機搖搖樂大賽 圖示：icon_shake.png 螢畫方向：鎖定直式畫面 背景顏色：粉紅 關閉螢畫動畫：淡出效果 開啟螢畫動畫：淡出效果	設定應用程式標題、背景色、圖示，螢幕方向為直向。
手機搖動動畫版面	可見性：顯示 背景顏色：透明 寬度：填滿 高度：240 像素	顯示手機搖動的動畫頁面。
畫布 1	背景圖片：background.jpg	抽籤的背景圖。
手機搖動動畫	圖片：phoneshake01.png	顯示手機搖動的動畫。
開始倒數計時版面	寬度：填滿 高度：70 像素 水平對齊：居中 垂直對齊：居中	顯示開始倒數計時按鈕的版面。
開始倒數計時	文字：開始倒數計時 字體大小：24 像素 文字顏色：紅色 背景顏色：綠色 高度：60 像素 寬度：98 比例 形狀：圓角	開始倒數計時按鈕。
使用說明版面	寬度：填滿 高度：自動 背景顏色：透明	放置使用導引說明的版面。
使用說明	寬度：填滿 圖片：readme.png	顯示使用導引說明的圖檔。
遊戲記錄版面	寬度：填滿、高度：填滿 垂直對齊：居中 背景顏色：透明	顯示遊戲最高記錄、剩餘時間和目前搖動的次數。

名稱	屬性	說明
最高記錄	文字：最高記錄：	最高記錄。
剩餘時間	文字：剩餘時間：	剩餘時間。
搖動次數	文字：搖動的次數：	搖動的次數。
加速度感測器 1	無	加速度感測器，**最小間隔** 設定為 100，如此才能在很短時間密集觸發 **被晃動** 事件。
搖動手機音效	來源：shake.mp3 最小間隔：100	搖動手機音效，**最小間隔** 設定為 100。
比賽計時器	計時間隔：1000	比賽計時器。
微型資料庫 1	無	儲存資料。
手機搖晃動畫計時器	計時間隔：100	顯示手機搖晃動畫的計時器。
比賽結束音效	來源：start.mp3	比賽結束音效。

ScreenDownCount 頁面

ScreenDownCount 頁面用以呈現比賽以秒數 5 、4、3、2、1 倒數計時的畫面。計時過程會出現小鼓聲，倒數計時結束則會發出比賽開始的音效。

» 使用元件及其重要屬性

在 **倒數版面** 中包含一個 **倒數標籤** 標籤元件顯示倒數秒數。

名稱	屬性	說明
ScreenDownCount	標題：手機搖搖樂大賽 螢畫方向：鎖定直式畫面 背景顏色：粉紅 關閉螢畫動畫：淡出效果 開啟螢畫動畫：淡出效果	設定應用程式標題、背景色，螢幕方向為直向。
倒數版面	寬度：填滿 、高度：填滿 水平對齊：居中 垂直對齊：居中 背景顏色：透明	顯示「5、4、3、2、1」倒數頁面。
倒數標籤	字體大小：300 像素 文字顏色：藍色 背景顏色：透明	顯示「5、4、3、2、1」倒數標籤。
倒數計時器	計時間隔：1000	倒數計時器。
倒數計時音效	來源：counting.mp3	倒數計時的音效。
比賽開始音效	來源：start.mp3	比賽開始的音效。

7.4.4 **專案分析和程式拼塊說明**

Screen1 頁面程式拼塊

1.　建立全域變數 **搖動次數、剩餘時間、最高得分** 和 **動畫圖**。

1 **搖動次數** 記錄手機搖動的次數。

2 **剩餘時間** 記錄最高得分。

3 **最高得分** 記錄遊戲剩餘的時間。

4 當程式執行後，**動畫圖** 圖像精靈元件的背景圖會以 <phoneshake01.png>、<phoneshake02.png> 和 <phoneshake03.png> 這 3 張圖組成手機搖動的動畫，**動畫圖** 即是用來控制取得第 1~3 張圖的變數。

2. 程式初始，顯示手機搖動的動畫、停止計時器和加速度感測器並載入最高得分。

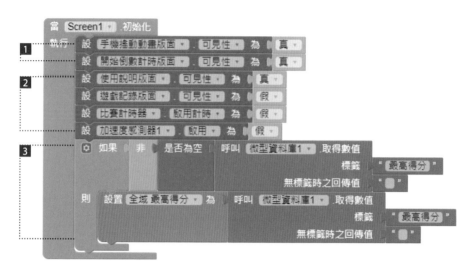

1 顯示手機搖動的動畫和「5、4、3、2、1」倒數計時的版面。

2 顯示的遊戲說明的版面，隱藏遊戲得分的版面。停止遊戲計時的 **比賽計時器**、加速度感測器。

3 如果 **最高得分** 標籤名稱已建立，讀取遊戲最高得分的 **最高得分** 標籤內容至 **最高得分** 變數中。因此 **最高得分** 變數為遊戲的最高得分。

3. 按下 **開始倒數計時** 鈕的處理。

1 設定 **搖動次數** = 0、遊戲總共時間 **剩餘時間** =10 秒。

2 切換到 ScreenDownCount 頁面，準備進行倒數計時 5 秒的動作。

4. 當 ScreenDownCount 頁面倒數計時結束後會返回主程式頁面 Screen1 頁面，並觸發 Screen1 頁面的 **關閉螢幕** 事件，利用參數 **其他螢幕名稱** 可以判斷是由哪一個頁面返回。

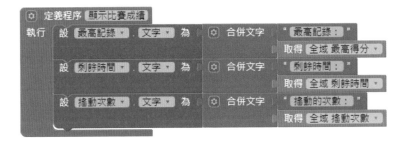

1 判斷是否由 ScreenDownCount 頁面返回。

2 隱藏 **開始倒數計時** 按鈕、遊戲說明的版面，顯示遊戲計分的版面。

3 啟動遊戲計時的 **比賽計時器** 和加速度感測器，開始進行遊戲。

5. 自訂程序 **顯示比賽成績** 顯示遊戲最高記錄、剩餘時間和目前搖動的次數。

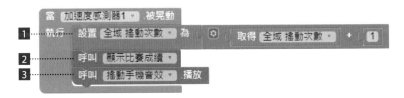

6. 當手機搖動會觸發 **加速度感測器** 的 **被晃動** 事件。

1 將搖動次數加 1。

2 顯示遊戲最高記錄、剩餘時間和目前搖動的次數。

3 播放手機搖晃的音效 (咔、咔)。

7. 每 1 秒鐘會觸發 **比賽計時器** 的 **計時** 事件，作遊戲計時。

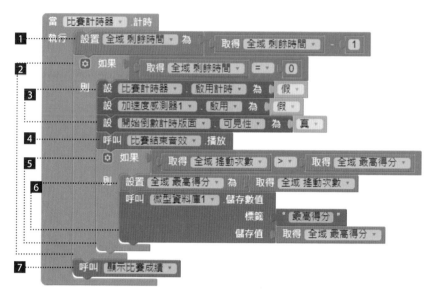

1 將遊戲剩餘時間減 1。

2 如果遊戲時間終了。

3 停止遊戲計時的計時器、加速度感測器，並顯示 **開始倒數計時** 按鈕的 **開始倒數計時版面**。

4 播放遊戲結束的音效 (鑼聲)。

5 如果目前搖動的次數大於最高得分。

6 將 **搖動次數** 設定為最高得分，同時將最高得分記錄以 **最高得分** 標籤儲存至 **微型資料庫** 中。

7 顯示遊戲最高得分記錄、剩餘時間和目前搖動的次數。

8. 我們設定 **手機搖晃動畫計時器** 元件的 **計時間隔** =100，因此每 0.1 秒，即會執行 **計時** 事件一次，在這個事件中，以自訂的程序 **背景圖輪換** 動態改變圖像精靈 **手機搖動動畫** 的背景圖，形成手機搖動的動畫。

1 以自訂的程序 **背景圖輪換** 動態改變 **手機搖動動畫** 的背景圖，形成手機搖動的動畫。

2 設定 **手機搖動動畫** 的背景圖。

3 控制 **動畫圖** 的 值 由 1~3，以 <phoneshake01.png>~<phoneshake03.png> 組成 **手機搖動動畫** 元件中手機搖動的動畫。

ScreenDownCount 頁面程式拼塊

1. 建立變數 **倒數時間** 設定遊戲倒數的時間為 5 秒，並開始倒數。

1 在 Screen1 以 開啟另一螢幕 螢幕名稱 " ScreenDownCount " 開啟 ScreenDownCount 頁面後會執行 ScreenDownCount 頁面的 **初始化** 事件 。

2 設定遊戲倒數的時間為 5 秒，並啟動「5、4、3、2、1」倒數計時的計時器。

3 設定音效連續播放，播放倒數計時的音效 (小鼓聲)。

2. 每 1 秒鐘會觸發 **倒數計時器** 作時間倒數的 **計時** 事件。

1 當 倒數計時器 計時
2 執行 設置 全域 倒數時間 為 取得 全域 倒數時間 - 1
設 倒數標籤 . 文字 為 取得 全域 倒數時間
3 如果 取得 全域 倒數時間 = 0
4 則 設 倒數計時器 . 啟用計時 為 假
呼叫 倒數計時音效 .停止
呼叫 比賽開始音效 .播放
關閉畫面

1 每 1 秒鐘會觸發 **倒數計時器** 的 **計時** 事件。

2 將倒數的時間減 1，並以標籤元件 **倒數標籤** 顯示之。

3 如果倒數計時時間終了。

4 停止倒數計時計時器，停止倒數計時的音效 (小鼓聲)，同時播放比賽開始的音效 (鑼聲)，最後關閉 ScreenDownCount 頁面返回主程式頁面 Screen1。

7.4.5 未來展望

這個專案，為了讓它更淺顯易懂，我們只用 **微型資料庫** 記錄遊戲的最高得分，事實上，我們也可以記錄玩家的姓名，甚至是排名，如果這樣還不夠，還可以使用網路排名，當然，加上這些功能之後，可讀性就會困難多了。

另外，本專案也用了一個顯示動畫的技巧，這些都是值得您參考的。

08

APP 專案：
QR Code 二維條碼

「QRCode 二維條碼」的應用已經普及到日常生活中，到處都可以看到海報、導覽手冊、傳單或網頁上印上了二維條碼。AppInventor2 的專案中其實也可以加入 QRCode 的應用，方法也很簡單。

專案以兩個部分呈現，首先是以 Google 提供線上製作圖表工具 GoogleChartAPI 製作二維條碼，最後再以 AppInventor2 提供的條碼掃描器元件掃描二維條碼。

8.1 專案介紹：QR Code 二維條碼

QR Code 二維條碼的應用已經普及到日常生活中，到處都可以看到海報、導覽手冊、傳單或網頁上印上了二維條碼。APP Inventor 2 的專案中其實也可以加入 QR Code 的應用，方法很簡單。

專案以兩個部分呈現，首先是以 Google 提供線上製作圖表工具 Google Chart API 製作二維條碼，最後再以 APP Inventor 2 提供的 **條碼掃描器** 元件掃描二維條碼。

製作二維條碼

掃描二維條碼

8.2 專案使用元件

在這個專案中， 首先是以 Google 提供線上製作圖表工具 Google Chart API 製作二維條碼，並使用 **網路瀏覽器** 元件顯示製作的二維條碼，同時以 **條碼掃描器** 感測器元件掃描二維條碼，掃描的二維條碼會傳回字串，如果字串是「http://」格式的網址，再使用 **Activity 啟動器** 元件顯示網頁內容。

讓我們先來認識如何以 Google Chart API 製作二維條碼，如何以 **網路瀏覽器** 顯示製作的二維條碼、 以及如何以 **條碼掃描器** 元件解讀二維條碼，再以 **Activity 啟動器** 元件開啟指定的網頁。

8.2.1 網路瀏覽器元件介紹

認識網路瀏覽器元件

網路瀏覽器 元件主要用來顯示指定的網頁內容，它的功能等於在 APP 中嵌入瀏覽器，除了能夠顯示網頁的內容，也可顯示文字、圖片、 Gif 動畫，甚至是地圖。

網路瀏覽器元件常用屬性

屬性	說明
當前頁標題	網頁標題，只能以程式拼塊設定。
當前網址	目前超連結的網址，只能以程式拼塊使用。
允許連線跳轉	是否可使用前進、後退的瀏覽器導航歷史記錄。
首頁地址	首頁的網址。

網路瀏覽器元件常用方法

方法	說明
回到上一頁	在歷史記錄中返回到前一頁。如果沒有前一頁將不予處理。
進入下一頁	在歷史記錄中前進到下一頁。如果沒有下一頁將不予處理。
回首頁	載入首頁。
開啟網址	載入目前連結的網址。

8.2.2 網路瀏覽器載入網頁

只要設定 **網路瀏覽器** 元件的 **首頁地址** 屬性，即可使用此元件顯示網頁的內容。例如：設定 **網路瀏覽器 1** 元件 **首頁地址** 屬性為 「http://www.e-happy.com.tw」 連結 「文淵閣工作室」 網站。

也可以在程式拼塊中，以動態方式設定載入的網址，例如：在文字輸入盒 **文字輸入盒 1** 輸入「https://www.google.com.tw/」，按下 **按鈕 1** 按鈕即可瀏覽「Google」網站。

範例：瀏覽網站

預設會連結 「文淵閣工作室」 網站，也可以輸入指定的網址，按下 **瀏覽** 鈕，載入指定的網站。(ch08\ex_WebViewer.aia)

» 介面配置

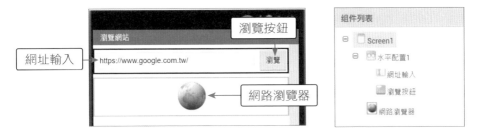

網路瀏覽器 元件 **首頁地址** 屬性設定為「http://www.e-happy.com.tw」。

» 程式拼塊

按下 **瀏覽** 鈕，瀏覽指定輸入的網站。

 使用開啟網址瀏覽網站

也可以使用 **網路瀏覽器** 元件的 **開啟網址** 方法設定瀏覽的網站。不過使用 **首頁地址** 屬性會將該網頁設定為首頁，並記錄在歷史記錄中，所以直接使用 **回首頁** 方法即可回到首頁。

8.2.3 Activity 啟動器元件介紹

認識 Activity 啟動器元件

Activity 啟動器 元件是屬於 **通訊** 類別元件,它也是背景執行元件,可以呼叫其他的應用程式,包括使用 APP Inventor 2 撰寫的程式、內建的應用程式及一般應用程式,有些應用程式會傳回資料,**Activity 啟動器** 元件也可以取得應用程式的執行結果,目前只能取得回傳文字資料。由於 **Activity 啟動器** 元件能讓設計者有效結合其他應用程式的功能,因此大幅擴充了 APP Inventor 2 的能力。

Activity 啟動器元件主要屬性和方法

屬性或方法	說明
動作 屬性	要執行的動作名稱。
機動程式套件 屬性	要執行應用程式的套件名稱。
機動程式類別 屬性	要執行應用程式的類別名稱。
資料 URI 屬性	傳送給要執行應用程式的網址資料。
啟動 Activity 方法	開始執行應用程式。

- **動作** 屬性:許多手機內建功能可設定此屬性執行,例如「android.intent.action.VIEW」會開啟指定的網頁、「android.intent.action.WEB_SEARCH」可在網頁中搜尋特定資料、「android.settings.LOCATION_SOURCE_SETTINGS」會開啟手機的 GPS 功能。

- **機動程式套件** 及 **機動程式類別** 屬性:如果知道應用程式的套件名稱及類別名稱,可設定這兩個屬性來執行該應用程式。

8.2.4 Activity 啟動器開啟網頁

使用 **Activity 啟動器** 元件開啟網頁,步驟如下:

1. 在組件面板區點選 **通訊 / Activity 啟動器** 加入 **Activity 啟動器** 元件,預設會產生 **Activity 啟動器 1** 元件。

2. 在 **Activity 啟動器 1** 組件屬性面板上設定:**動作** 屬性為「android.intent.action.VIEW」代表使用瀏覽器,**資料 URI** 屬性為網址。例如:連結「雅虎奇摩」網站。

```
Action : android.intent.action.VIEW
```

DataUri：http://www.yahoo.com.tw

3. 在程式拼塊中以 **啟動 Activity** 方法啟動 **Activity 啟動器**，例如：在程式初始時啟動 **Activity 啟動器 1**，完成後程式執行即會連結至「雅虎奇摩」網站。

```
當 Screen1 ▼ .初始化
執行　呼叫 Activity啟動器1 ▼ .啟動Activity
```

8.2.5 動態設定方式開啟網頁

許多程式設計者，較喜歡使用動態的方式來設定，即將面板的 **動作**、**資料 URI** 屬性設定取消，改在程式拼塊中同時設定 **動作**、**資料 URI** 屬性，最後，再以 **啟動 Activity** 方法啟動執行。

例如：在文字輸入盒 **文字輸入盒 1** 輸入「http://www.e-happy.cow.tw/」，按下 **按鈕 1** 按鈕即可瀏覽指定的網站。

```
當 按鈕1 ▼ .被點選
執行　設 Activity啟動器1 ▼ . 動作 ▼ 為 " android.intent.action.VIEW "
　　　設 Activity啟動器1 ▼ . 資料URI ▼ 為 文字輸入盒1 ▼ . 文字 ▼
　　　呼叫 Activity啟動器1 ▼ .啟動Activity
```

 如何返回原來的 APP Inventor 2 應用程式？

如果要結束開啟應用程式，返回原來的 APP Inventor 2 應用程式，請按 ← 鈕。

範例：以 Activity 啟動器開啟網頁

輸入指定的網址，按下 **瀏覽** 鈕，即會開啟瀏覽器顯示。

`(ch08\ex_ActivityStarter.aia)`

» 版面配置

» 程式拼塊

按下 **瀏覽** 鈕後以瀏覽器顯示。

1 以 android.intent.action.VIEW 設定使用瀏覽器。

2 取得輸入的網址。

3 開啟網頁。

8.3 二維條碼的製作和掃描

APP Inventor 的 **條碼掃描器** 元件可以解讀 QR Code 二維條碼，首先我們利用 Google Chart API 製作二維條碼。

8.3.1 製作二維條碼

Google 提供線上製作圖表工具 Google Chart API，可以製作 QR Code 二維條碼，只要透過網址 URL 就可以輸出成二維條碼。其格式為：

```
https://chart.googleapis.com/chart? 各項參數
```

Google Chart API 參數

參數	值	說明
cht	qr	圖表格式，qr 表示二維條碼。
chs	width x height	條碼大小。
chl	條碼內要存放的資料	資料可以為文字型態或網址。
choe	編碼方式	建議填 UTF-8。
chld	容錯能力	分成 L、M、Q、H 四個等級。

例如：產生顯示「AppInventor」文字的二維條碼，大小為 200x200。

```
http://chart.apis.google.com/chart?cht=qr&chs=200x200&chl=App
Inventor
```

若是網址型態的話，就直接把 chl 部分改為網址就好了。

例如：要產生 http://www.e-happy.com.tw，「文淵閣工作室」網址的二維條碼。

```
http://chart.apis.google.com/chart?cht=qr&chs=200x200
&chl=http://www.e-happy.com.tw
```

8.3.2 條碼掃描

認識條碼掃描器元件

條碼掃描器 元件屬於 **感測器** 類別，它是非視覺元件，用以解讀 QR Code 二維條碼，**條碼掃描器** 的 **執行條碼掃描** 方法會對二維條碼進行掃描，完成掃描後會觸發 **掃描結束** 事件，並由 **返回結果** 參數取得掃描後傳回的文字。

條碼掃描器元件常用屬性、方法和事件

屬性、方法和事件	說明
結果 屬性	以文字格式傳回掃描結果。
執行條碼掃描 方法	掃描二維條碼。
掃描結束 事件	完成掃描後會觸發 **掃描結束** 事件，並由 **返回結果** 參數取得掃描傳回的文字。

8.4 QR Code 二維條碼 APP

QR Code 二維條碼的應用已經普及到日常生活中，到處都可以看到海報、導覽手冊、傳單或網頁上印上了二維條碼。

8.4.1 專案發想

常常使用如 Quick Mark 等 QR Code 掃描軟體掃描二維條碼，並進行網頁的讀取，下載檔案後安裝、執行。事實上，我們也可以自己撰寫一個 QR Code 二維條碼處理程式。

8.4.2 專案總覽

本專案以兩個部分呈現，第一部分是以 Google 提供線上製作圖表工具 Google Chart API 製作二維條碼，第二部分則是使用 APP Inventor 2 提供的 **條碼掃描器** 元件掃描二維條碼，解讀二維條碼。

8.4.3 製作二維條碼

首先探討以文字製作二維條碼。

範例：依文字製作二維條碼

輸入文字按 **產生 QRCode** 鈕後製作二維條碼。(ch08\mypro_QRCodeMaker.aia)

» 版面配置

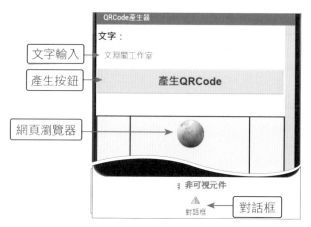

» Screen1 重要屬性設定

名稱	屬性	說明
Screen1	標題：QRCode 產生器、 圖示：icon_qrmake.png、 螢畫方向：鎖定直式畫面	設定應用程式標題、圖示，螢幕方向為直向。
水平配置 1	水平對齊：置中	
網頁瀏覽器	寬度：200 像素、高度：200 像素	

» 程式拼塊

按下 **產生 QRCode** 鈕，將文字轉換為二維條碼。

1 如果未輸入文字，以對話方塊提示「必須輸入文字！」。

2 將輸入文字轉換為二維條碼。

8.4.4 掃描二維條碼

第二部分是以 APP Inventor 2 提供的 **條碼掃描器** 元件掃描二維條碼。

範例：掃描二維條碼取得文字

按下 **掃描 QRCode** 鈕，分別掃描二維條碼後傳回結果，如果文字內容是「http://」或是「https://」的網址，則以 **Activity 啟動器** 元件開啟該網頁。(ch08\mypro_QRCodeScan.aia)

因為使用 **條碼掃描器** 功能，建議使用 **實機模擬** 測試專案。

» 版面配置

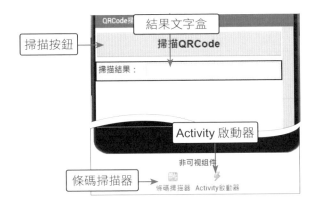

» **Screen1** 重要屬性設定

名稱	屬性	說明
Screen1	標題：QRCode 掃描器、 圖示：icon_qrscan.png、 螢畫方向：鎖定自式畫面	設定應用程式標題、圖示，螢幕方向 為直向。

» 程式拼塊

1. 按下 **掃描 QRCode** 按鈕，開始掃描。

2. 掃描完成後會觸發 **掃描結束** 事件，並由 **返回結果** 參數取得掃描傳回的文字。

1 **返回結果** 參數取得掃描傳回的文字。

2 掃描的是「hllp://」或「hllps://」網址，顯示掃描網址，並以 **Activity** 啟動器 元件開啟該網頁。

3 掃描的是一般文字，顯示掃描文字。

8.4.5 未來展望

在現代社會中，條碼的應用越來越普及，以目前疫情時代的生活來說，人人都要用實名制的 APP 來登錄，QR Code 的應用就十分重要，因為它能藉由圖像快速完成資訊的輸入與傳遞，完成原來複雜的工作。如果能在開發時，將條碼掃瞄功能加上 Wifi、GPS 或是藍牙的服務進行整合應用，就能有更不同的發揮。

APP 專案：哈囉！熊讚

網路上資源非常豐富，如果能善用網路資源，就能幾乎不必撰寫程式拼塊，直接將網路資料顯示於行動裝置上，製作出炫麗的效果。

「哈囉！熊讚」是利用 **網路瀏覽器** 及 **Activity 啟動器** 元件將台灣黑熊網頁資料顯示於瀏覽器中，全部程式拼塊只有十餘個，但呈現的功能非常豐富，熊讚相關的基本資料、相片、影片及導航皆可一應俱全。

9.1 專案介紹：哈囉！熊讚

2017 年台北市主辦世界大學運動會，主辦單位以台灣黑熊為吉祥物，取名為「熊讚」。在媒體的強力宣傳下，「熊讚」的可愛模樣深植人心，在寶島刮起一陣台灣黑熊熱。

本專案利用 **網路瀏覽器** 及 **Activity 啟動器** 元件開啟瀏覽器，不但可以了解台灣黑熊習性的知識（認識新朋友），欣賞大量台灣黑熊的圖片（可愛相簿），也可播放眾多台灣黑熊影片（線上看熊讚），還可以使用 Google 地圖導航到動物園實地觀賞（來去找熊讚）。

本專案的特色是將每一個功能置於獨立的 **Screen** 元件頁面中，使用者切換頁面時是在不同 **Screen** 元件頁面間轉換。

9.2 哈囉！熊讚 APP

網路上資源非常豐富，如果能善用網路資源，就能幾乎不必撰寫程式拼塊，直接將網路資料顯示於行動裝置上，製作出炫麗的效果。

本專案利用 **網路瀏覽器** 及 **Activity 啟動器** 元件將台灣黑熊網頁資料顯示於瀏覽器中，全部程式拼塊只有十餘個，但呈現的功能非常豐富，台灣黑熊相關的基本資料、相片、影片及導航一應俱全。

9.2.1 專案發想

台北市主辦 2017 年世界大學運動會是台灣社會的一大盛事，並將台灣黑熊選為吉祥物 (熊讚)，從 2016 年底開始在電視上廣為宣傳，五歲的小外甥就成天吵著要去動物園看台灣黑熊！

台灣黑熊是台灣的國寶，不少民眾及團體為台灣黑熊在網路上建立各種資訊。但每當小外甥要看熊讚時，就要大費週章開啟電腦、啟動瀏覽器、尋找網頁，如果場景是在戶外 (沒有攜帶電腦)，就要費一番功夫來安撫小男孩，有時甚至得提早打道回府。

手機已成現代人必備物品，無論何時何地都帶在身邊，於是動手撰寫一個隨時隨地都能獲得熊讚資訊的 APP 應用程式。應用程式比想像中容易，不到一個小時就完成了，加上一些介面配置的美化，從此小外甥過著幸福快樂的日子！

9.2.2 專案總覽

程式執行時會顯示主選單頁面，按 **認識新朋友 - 熊讚** 會開啟維基百科介紹台灣黑熊的頁面，按 **線上看熊讚** 會開啟 Youtube 台灣黑熊相關影片的頁面，按 **熊讚可愛相簿** 會開啟 Google 圖片關於台灣黑熊的頁面，按 **來去找熊讚** 會開啟 Google 地圖定位於台北市動物園的頁面，還具有導航功能。

各頁面上方有 **首頁** 按鈕，按 **首頁** 鈕可返回主選單頁面。但 **線上看熊讚** 頁面是以 **Activity 啟動器** 元件執行，無 **首頁** 按鈕，使用者必須按硬體的 **返回** 鍵才能返回主選單頁面。(`ch09\mypro_bear.aia`)

9.2.3 收集各單元的使用網址

本專案最重要的技巧是在使用者點按功能後，直接使用 **網路瀏覽器** 或 **Activity 啟動器** 元件開啟對應的網頁，不必讓使用者自行搜尋所需要的網頁。

「認識新朋友 - 熊讚」頁面網址

對於一個事物的介紹，維基百科 (http://zh.m.wikipedia.org) 是相當有公信力的網站。在瀏覽器網址列輸入維基百科首頁網址，於搜尋列輸入「台灣黑熊」後點選 **台灣黑熊** 項目，即可看到維基百科中介紹台灣黑熊的頁面。請複製該頁面的網址，做為專案中設定「認識新朋友 - 熊讚」頁面的首頁網址。

「線上看熊讚」頁面網址

如果要在網路上觀看影片，YouTube (https://www.youtube.com) 是不二選擇。在瀏覽器網址列輸入 YouTube 首頁網址，於搜尋列輸入「台灣黑熊」後按 🔍 **鈕**，即可看到 YouTube 介紹台灣黑熊的影片頁面。請複製該頁面的網址，做為專案中設定「線上看熊讚」頁面的首頁網址。

「熊讚可愛相簿」頁面網址

Google (https://www.google.com.tw) 中可以利用圖片搜尋找到與關鍵字相關的圖片，其中當然包含台灣黑熊的圖片。在瀏覽器網址列輸入 Google 首頁網址，點選右上方 **圖片** 鈕，於搜尋列輸入「台灣黑熊」，再按 🔍 **鈕**，即可在 Google 圖片搜尋引擎看到許多與台灣黑熊相關的圖片。請複製該頁面的網址，做為專案中設定「熊讚可愛相簿」頁面的首頁網址。

「來去找熊讚」頁面網址

想在網路上使用地圖，Google 地圖 (https://www.google.com/maps) 是許多人的第一選擇。在瀏覽器網址列輸入 Google 地圖首頁網址，於搜尋列輸入「台北市立動物園」，再按 🔍 鈕，然後點選 **台北市立動物園** 項目，即可看到 Google 地圖中看到台北市立動物園的地圖。請複製該頁面的網址，做為專案中設定「來去找熊讚」頁面的首頁網址。

9.2.4 介面配置

Screen1 介面配置

本專案分為四個頁面，首先是主選單頁面 (Screen1) 的介面配置：上方是圖形，此圖形會以程式變換圖片達到動畫效果，下方是五個按鈕對應五個功能。

為了美觀，在兩個按鈕項目中間都放置一個 **水平配置** 元件，其 **高度** 屬性設為 10 像素，用來區隔按鈕項目。

本專案的背景及所有按鈕都使用圖形，所以介面非常美觀。使用圖形的元件其圖像屬性設定為：

元件名稱	屬性	屬性值
Screen1	背景圖片	bg.png
結束按鈕	圖片	bravologo.png
朋友按鈕	圖像	btn_1.png
線上看按鈕	圖像	btn_2.png

元件名稱	屬性	屬性值
相簿按鈕	圖像	btn_3.png
地圖按鈕	圖像	btn_4.png
結束按鈕	圖像	btn_5.png

ScreenFriend 介面配置

ScreenFriend 為「認識新朋友 - 熊讚」頁面，是介紹熊讚基本資料的頁面，結構非常簡單，上方是標題及回首頁按鈕，下方只有一個 **網路瀏覽器** 元件，用來顯示網頁。

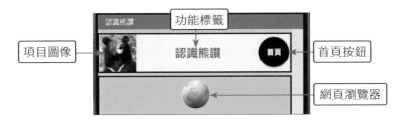

ScreenFriend 元件的 **背景顏色** 屬性值設為 **橙色** 使背景呈橘色。**首頁按鈕** 元件的 **形狀** 屬性值設為 **橢圓形**，**寬度** 及 **高度** 屬性值皆設為「50 像素」，如此可以建立圓形按鈕。

在 **網頁瀏覽器** 元件的 **首頁位址** 屬性值中，請加入剛才維基百科中介紹台灣黑熊的頁面網址。

ScreenAlbum 及 ScreenFind 介面配置

ScreenAlbum 及 ScreenFind 介面配置與 ScreenFriend 頁面完全相同，只有 WebViewer1 元件的 **首頁位址** 屬性值不同。

1. ScreenAlbum 為「熊讚可愛相簿」頁面，在 **網頁瀏覽器** 元件的 **首頁位址** 屬性值中，請加入剛才 Google 圖片搜尋引擎中以關鍵字搜尋台灣黑熊相關圖片的頁面網址。

2. ScreenFind 為「來去找熊讚」頁面，在 **網頁瀏覽器** 元件的 **首頁位址** 屬性值中，請加入剛才 Google 地圖上搜尋台北市立動物園的地圖頁面網址。

9.2.5 專案分析和程式拼塊說明

Screen1 程式拼塊

1. 主選單頁面開啟時設定 **計時器** 元件的時間間隔為 5 秒，也就是頁面開啟 5 秒後會第一次執行 **計時器 . 計時** 事件中的程式拼塊。

> 當 Screen1 ▼ .初始化
> 執行 設 計時器 ▼ . 計時間隔 ▼ 為 ⟨ 5000

2. 頁面開啟 5 秒後會第一次執行 **計時器 . 計時** 事件中的程式拼塊。

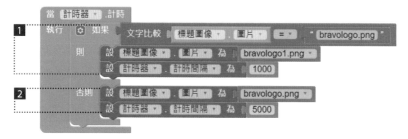

1 開始時主頁面的圖形為 <bravologo.png>，所以第一次執行 (開啟頁面 5 秒後) 時此條件成立，將圖形變更為 <bravologo1.png> (此圖形為熊讚說「Hi」)，同時將計時器時間間隔設為 1 秒，即 1 秒後再觸發本事件。

2 如果圖形為 <bravologo1.png>，就將圖形變更為 <bravologo.png>，同時將計時器時間間隔設為 5 秒，即 5 秒後再觸發本事件。

程式執行結果為熊讚每隔 5 秒就會打招呼說「Hi」，打招呼的時間為 1 秒。

<bravologo.png>

3. 按下功能按鈕執行的程式拼塊。

1 當 朋友按鈕 .被點選
執行 開啟另一畫面 畫面名稱 ScreenFriend

2 當 相簿按鈕 .被點選
執行 開啟另一畫面 畫面名稱 ScreenAlbum

3 當 地圖按鈕 .被點選
執行 開啟另一畫面 畫面名稱 ScreenFind

4 當 結束按鈕 .被點選
執行 退出程式

5 當 線上看按鈕 .被點選
執行 設 Activity啟動器 . 動作 為 " android.intent.action.VIEW "
設 Activity啟動器 . 資料URI 為 " https://www.youtube.com/results?search_query=台灣黑熊 "
呼叫 Activity啟動器 . 啟動Activity

1 按 **認識新朋友 - 熊讚** 鈕就切換到 ScreenFriend 頁面。

2 按 **熊讚可愛相簿** 鈕就切換到 ScreenAlbum 頁面。

3 按 **來去找熊讚** 鈕就切換到 ScreenFind 頁面。

4 按 **結束程式** 鈕就以 **退出程式** 方法關閉應用程式。

5 按 **線上看熊讚** 鈕就以 **Activity 啟動器** 元件啟動瀏覽器觀賞台灣黑熊影片。

ScreenFriend、ScreenAlbum、ScreenFind 程式拼塊

這三個頁面的程式拼塊都相同,只有一個程式拼塊:按 **首頁** 鈕就以 **關閉螢幕** 方法
關閉頁面回到主選單頁面。

當 首頁按鈕 .被點選
執行 關閉畫面

9.2.6 未來展望

網路資源豐富且多元,可以加入更多樣化的連結,例如網路上有許多關於台灣黑熊
的論壇,可與他人互動討論心得;也有很多關於熊讚週邊商品的臉書粉絲團,可隨
時獲得相關商品資訊等。

10

APP 專案：心情塗鴉

在拍攝的相片上進行塗鴉，或是加上心情圖示，一直是很好的創意。當熟悉 APP Inventor 2 後，就會愈來愈有那股念頭，想要用它來寫個類似的功能。

第一個選項當然是畫布，因為它具有繪圖功能，也可以從照相機中立即拍照取得背景圖，或是從相簿中選取相片當作背景圖。最好也能加入一些心情圖示，記錄相片的時空背景或拍攝地點，最後再將它存檔，同時也分享給自己的親朋好友。

10.1 專案介紹：心情塗鴉

心情好的時候，拿起手機拍下週邊的景物，立即將相片設為畫布，利用這時的閒情，在畫布上塗鴉，讓生活添加優雅和安逸。

在這個專案中，我們以 **畫布** 為主軸，設定畫筆顏色和粗細後，在畫布上塗鴉，然後將繪製的結果存檔。

也可以使用相機拍照或是以 **圖像選擇器** 從相簿中取得一張相片當作 **畫布** 背景圖，配合心情在生活照上盡塗鴉。

當作品完成之後，可以選擇將它存檔，並和親朋好友分享。

10.2 專案使用元件

在這個專案中，除了使用基本的 **標籤**、**按鈕** 元件，主要是使用 **畫布** 來繪圖並儲存塗鴉後的結果，同時也利用 **照相機** 元件來照相、或是以 **圖像選擇器** 從相簿中取得一張相片當作 **畫布** 背景圖，而利用 **對話框** 則可以顯示對話方塊。讓我們先來認識這些元件。

10.2.1 照相機元件

功能說明

照相機 是 **多媒體** 類別元件，它是屬於背景執行的元件，主要功能是啟動行動裝置的照相元件來照相。

方法與事件

照相機 元件沒有任何屬性，只有一個方法及一個事件：

方法和事件	說明
拍照 方法	啟動照相裝置。
拍攝完成 (圖像位址) 事件	當照相完成後會觸發此事件。

深入解析

第一次開啟照相機拍照會要求允許「拍攝相片及錄製影片」的權限，照相機照相完成後會觸發 **拍攝完成** 事件，該事件會傳回相片在行動裝置的儲存路徑，此路徑以 **圖像位址** 參數傳回：

可以利用相片路徑取得相片，例如：以 **照相機** 元件照相並設定為 **畫布** 背景圖。

10.2.2 圖像選擇器元件

功能說明

圖像選擇器 元件功能會自動開啟行動裝置的相簿，讓使用者可以從相簿中選取一張相片。**圖像選擇器** 元件位於 **多媒體** 類別中。

屬性設定

屬性	說明
選中項	選取相片的完整路徑，只能在程式拼塊中取得。
圖像	顯示的圖示。

方法與事件

方法和事件	說明
開啟選取器 方法	啟動相簿選取相片功能。
選擇完成 事件	當完成相片選取後會觸發此事件。
準備選擇 事件	當選擇相片前會觸發此事件。

深入解析

1. **圖像選擇器** 元件的外觀與按鈕元件相同，屬性設定也大致相同。使用者選取相片後會觸發 **選擇完成** 事件，並且傳回使用者選取的相片路徑，該路徑儲存於 **選中項** 屬性中，設計者可以根據取得的相片路徑在本事件中做後續處理。

3. 要啟動 **圖像選擇器** 元件的方式有兩種：第 種方式是使用者直接點選 **圖像選擇器** 元件，系統就會開啟行動裝置的相簿讓使用者選取；第二種方式是在程式拼塊中以 **開啟選取器** 方法啟動 **圖像選擇器** 元件。**開啟選取器** 方法的作用相當於使用者點選 **圖像選擇器** 元件，會開啟行動裝置的相簿讓使用者選取。

4. AI2 開啟照相機拍照會自動要求允許「拍攝相片及錄製影片」的權限，但使用 **圖像選擇器** 元件選取相簿中的圖片則不會，必須自行處理所需要的權限。解決方式可以在程式初化時要求指定的權限，例如：要求允許「WriteExternalStorage」的權限，這樣就可以「存取裝置中的相片、媒體和檔案」。

```
當 Screen1 ▼ .初始化
執行    呼叫 Screen1 ▼ .要求允許權限
                         權限名稱   Permission  WriteExternalStorage ▼
```

Android 6.0 之後要使用手機的資源，必須要求使用者授予權限，除了 WriteExternalStorage，還有許多的權限如：CoarseLocation、FineLocation、ReadExternalStorage、 Camera、 Audio、Internet、Bluetooth、ReadContacts … 等。

範例：畫布塗鴉

利用 **照相機** 元件照相、或從相簿中取得一張相片當作 **畫布** 背景圖，然後在 **畫布** 上塗鴉，也可以將之存檔或另存新檔。(ch10\ex_Canvas.aia)

» 執行情形

第一次程式執行會以對話方塊要求允許「存取裝置中的相片、媒體和檔案」的權限，然後會開啟照相機，第一次拍照會要求允許「拍攝相片及錄製影片」的權限，也可以從相簿中取得一張相片當作背景圖。

可以在 **畫布** 上繪圖後，左下圖為按下 **儲存** 按鈕 (執行 **儲存** () 方法)，右下圖為按下 **另存新檔** 按鈕 (執行 **另存為** () 方法)，可將之存檔，並在下方的標籤顯示儲存的路徑和檔名。

畫布圖片在 **儲存** () 方法、**另存為** () 方法路徑並不相同：

1. **儲存** () 方法的路徑是：

   file:///storage/emulated/0/Android/data/ 套件名稱 /files/Pictures/

2. **另存為** () 方法的路徑是：

   file:///storage/emulated/0/Android/data/ 套件名稱 /files/

要特別注意的是：使用模擬器時，其實是透過 AI Companion 這個 APP 來進行模擬，所以「套件名稱」為「edu.mit.appinventor.aicompanion3」。但如果是在製作專案後進行打包，再使用 apk 安裝執行程式，「套件名稱」的格式為：

   appinventor.ai_ 登發者帳號 _ 專案名稱

例如：開發者帳號是「chiou」，專案的名稱是「ex_Canvas」，使用 **儲存** () 方法將畫面圖片儲存成 <myPhoto.png> 的路徑即為：

   file:///storage/emulated/0/Android/data/**appinventor.ai_chiou_
   ex_Canvas**/files/**MyPhoto.png**

專案練習建議

因為使用照相和讀取相簿的功能，必須在行動裝置上執行，並且設定開啟照相和讀取相簿的功能。

» 介面配置

» 使用元件及其重要屬性

元件類別	名稱	屬性	說明
Screen	Screen1	App 名稱：ex_Canvas 背景顏色：粉紅 標題：畫布塗鴉 螢畫方向：鎖定直式畫面 視窗大小：自動調整	設定應用程式標題、圖示，螢幕方向為直向。
畫布	畫布 1	寬度：填滿、高度：240 像素	設定畫布的大小。
圖像選擇器	開啟相簿	文字：開啟相簿	開啟相簿。
按鈕	儲存	文字：儲存	將畫布存檔。
按鈕	另存新檔	文字：另存新檔	將畫布另存新檔。
標籤	檔名	文字：無、寬度：填滿	顯示存檔後傳回的檔名。
照相機	照相機 1	無	照相。
對話框	對話框 1	無	顯示對話方塊。

» 程式拼塊

1. 程式開始會要求允許權限，並設定畫筆顏色和粗細，同時顯示對話方塊。

1 以「WriteExternalStorage」要求允許「存取裝置中的相片、媒體和檔案」。

2 設定畫筆顏色為藍色。

3 設定畫筆粗細為 5 像素。

4 顯示對話方塊，提示即將啟動照相機。本例中 **對話框 1** 對話框只需要一個 **OK** 按鈕，但 **對話框 1** 對話框的格式必須放置兩個按鈕，變通的辦法，就是將第二個按鈕的 **按鈕文字** 設為空字串。

2. 當按下 **OK** 按鈕，會執行 **對話框 1. 選擇完成** 事件，啟動照相機，並將相片設定為背景圖，而以 **開啟相簿** 鈕則可以從相簿中選取相片當作背景圖。

1 啟動照相機，應用程式第一次開啟照相機拍照會自動要求允許「拍攝相片及錄製影片」的權限。

2 照相完成後會執行 **拍攝完成** 事件，並以參數 **圖像位址** 設定相片為背景圖。

3 從相簿中選取相片當作背景圖。

3. 在畫布上拖曳時會觸發 **被拖曳** 事件， 製造塗鴉效果。

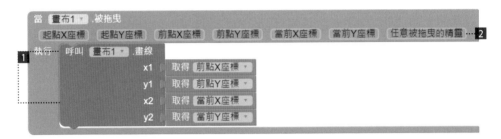

1 **畫布 1. 畫線 (前點 X 座標 , 前點 Y 座標 , 當前 X 座標 , 當前 Y 座標)** 自 (前點 X 座標 , 前點 Y 座標)-(當前 X 座標 , 當前 Y 座標) 繪製一條直線。如此就可製造塗鴉的效果。

2 參數 (**起點 X 座標 , 起點 Y 座標**) 為第一次觸碰的點。
參數 (**前點 X 座標 , 前點 Y 座標**) 為上一次的觸碰點。
參數 (**當前 X 座標 , 當前 Y 座標**) 為目前的觸碰點。
參數 **任意被拖曳的精靈** 可判斷是否觸碰到 **畫布** 中的動畫元件。

4. 按下 **儲存** 和 **另存新檔** 按鈕。

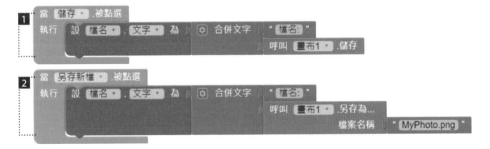

1 按下 **儲存** 按鈕，以 **畫布** 的 **儲存** 方法將畫布存檔，並在 **檔名** 標籤顯示檔案名稱。

2 同理按下 **另存新檔** 按鈕，以 **畫布** 的 **另存為…** 方法將畫布以指定的 <MyPhoto.png> 存檔，同時在 **檔名** 標籤顯示檔名。

10.3 心情塗鴉 APP

這一個專案，我們以 **畫布** 為主軸，在 **畫布** 上塗鴉，除了探討 **畫布** 繪圖基本功能，同時也對 **畫布** 的拖曳做更多的應用。

10.3.1 專案發想

在喜愛 (或厭惡) 的相片上塗鴉，或是加上心情圖示，一直是很好的創意。當熟悉 APP Inventor 2 後，就會愈來愈有那股念頭，想要用它來寫個類似的功能。第一個選項當然是 **畫布**，因為它有繪圖功能，也可以從照相機中立即拍照取得背景圖，或是從相簿中選取相片當作背景圖。最好也能加入一些心情圖示，記錄相片的時空背景或拍攝地點，最後再將它存檔，並且分享給自己的親朋好友。

10.3.2 專案總覽

第一次程式執行會以對話方塊要求允許「存取裝置中的相片、媒體和檔案」的權限，並以 **畫布** 為主軸，設定畫筆顏色和粗細後，即可在畫布上塗鴉，然後將繪製的結果存檔。專案路徑：<ch10\mypro_Draw.aia>。

也可以按 **相簿** 鈕開啟相簿，選擇一張相片當作塗鴉的背景圖，然後選擇畫筆的顏色和粗細，開始在 **畫布** 繪圖，如果沒畫好也沒關係，可清除後再重繪。

您也可以在中途按 **拍照** 鈕打開照相機，重新再照一張相片當作背景圖，應用程式第一次拍照會要求允許「拍攝相片及錄製影片」的權限。

當作品完成之後可以選擇將它存檔，預設的存檔路徑是 <file:///storage/emulated/0/Android/data/ 套件名稱 /files/Pictures>，檔名系統會自動命名。

因為使用照相和讀取相簿的功能，必須在行動裝置上執行，並且設定開啟照相和讀取相簿的功能。

10.3.3 介面配置

Screen 中主要包含一個版頭的 **圖像** 元件、**色塊按鈕版面** 和 **相機按鈕版面** 兩個水平配置版面，一個繪圖的 **畫布** 元件，而 **分隔標籤 1~ 分隔標籤 6** 標籤元件只是用來控制元件間的距離，讓介面更美觀些。

第一列 **色塊按鈕版面** 主要是布置畫筆的顏色按鈕、畫筆粗細的滑桿。第二列 **相機按鈕版面** 主要是布置 **儲存**、**清除**、**拍照** 和 **相簿** 等按鈕。

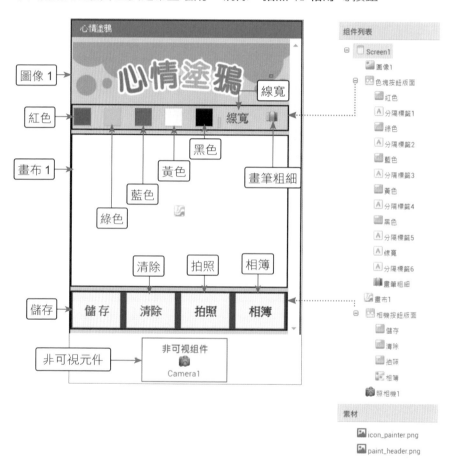

使用元件及其重要屬性

名稱	屬性	說明
Screen1	標題：心情塗鴉 圖示：icon_painter.png 螢畫方向：鎖定直式畫面 視窗大小：自動調整	設定應用程式標題、圖示，螢幕方向為直向。
圖像 1	圖片：painter_header.png	版頭的圖片。
色塊按鈕版面	高度:34 像素	放置第一列的色塊按鈕。
紅色 ~ 黑色	背景顏色：紅色 ~ 背景顏色：黑色	色塊按鈕共 5 個。
分隔標籤 1~ 分隔標籤 6	寬度：8 像素等。	分隔元件。
畫筆粗細	最小值：3 最大值：15 指針位置：5	畫筆粗細。
畫布 1	高度：填滿、寬度：填滿 線寬：5 畫筆顏色：黑色	主要的畫圖區。
相機按鈕版面	寬度：填滿 高度：52 像素	放置 **儲存**、**清除**、**拍照** 和 **相簿** 等按鈕。
儲存	文字：儲存 高度：50 像素	**儲存** 按鈕
清除	文字：清除 高度：50 像素	**清除** 按鈕
拍照	文字：拍照 高度：50 像素	**拍照** 按鈕
相簿	文字：相簿	**開啟相簿** 按鈕。
照相機 1	無	照相元件。

10.3.4 專案分析和程式拼塊說明

1. 程式初始會要求允許權限，並設定畫筆的顏色為藍色。

當 Screen1 ▼ .初始化
執行 呼叫 Screen1 ▼ .要求允許權限
　　　權限名稱　Permission WriteExternalStorage ▼
設 畫布1 ▼ . 畫筆顏色 ▼ 為

1 以「WriteExternalStorage」要求允許「存取裝置中的相片、媒體和檔案」。

2 設定畫筆的顏色為藍色。

2. 按下 **顏色** 按鈕選擇畫筆的顏色。

當 紅色 ▼ .被點選
執行 設 畫布1 ▼ . 畫筆顏色 ▼ 為

當 綠色 ▼ .被點選
執行 設 畫布1 ▼ . 畫筆顏色 ▼ 為

當 藍色 ▼ .被點選
執行 設 畫布1 ▼ . 畫筆顏色 ▼ 為

當 黃色 ▼ .被點選
執行 設 畫布1 ▼ . 畫筆顏色 ▼ 為

當 黑色 ▼ .被點選
執行 設 畫布1 ▼ . 畫筆顏色 ▼ 為

3. 拖曳滑桿設定畫筆的粗細，值介於 3~15 之間。

當 畫筆粗細 ▼ .位置變化
　指針位置
執行 設 畫布1 ▼ . 線寬 ▼ 為 取得 指針位置 ▼

4. 在畫布上拖曳時會觸發 **被拖曳** 事件，以 **畫線** 方法在 **畫布** 上塗鴉。

當 畫布1 ▼ .被拖曳
起點X座標　起點Y座標　前點X座標　前點Y座標　當前X座標　當前Y座標　任意被拖曳的精靈
執行 呼叫 畫布1 ▼ .畫線
　　　　　x1 取得 前點X座標 ▼
　　　　　y1 取得 前點Y座標 ▼
　　　　　x2 取得 當前X座標 ▼
　　　　　y2 取得 當前Y座標 ▼

5. **清除** 和 **儲存** 按鈕。

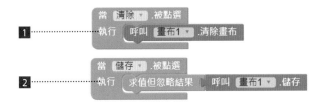

■ 按下 **清除** 鈕將畫布清除。

2 按下 **儲存** 按鈕，將 **畫布** 存檔，實際儲存的路徑是 <file:///storage/
emulated/0/Android/data/ 套件名稱 /files/Pictures>。但在本例因為不想再
處理傳回的檔名，因此以相當於匿名變數的拼塊來接收傳回的檔名。

```
求值但忽略結果  呼叫  畫布1 ▼ .儲存
```

6. 開啟照相機，並將相片設定為 **畫布 1** 畫布的背景圖。

```
1  當  拍照 ▼ .被點選
   執行  呼叫  照相機1 ▼ .拍照

2  當  照相機1 ▼ .拍攝完成
      圖像位址
   執行  設  畫布1 ▼ . 背景圖片 ▼ 為  取得  圖像位址 ▼
```

■ 按下 **拍照** 按鈕開啟照相機。

2 拍照完成，會觸發 **照相機 1. 拍攝完成** 事件，在此事件中將拍攝的相片 **圖
像位址** 設定為 **畫布 1** 畫布的背景圖。

7. 按 **相簿** 鈕以 **圖像選擇器元** 件從相簿中選取相片當作背景圖。

```
當  相簿 ▼ .選擇完成
執行  設  畫布1 ▼ . 背景圖片 ▼ 為  相簿 ▼ . 選中項 ▼
```

10.3.5 未來展望

畫布 對於動畫元件 **球形精靈**、**圖像精靈** 的處理功能頗強，但是在繪圖處理上，似乎較不完整，本來我們希望在這個專案中，可以隨心所欲的繪圖，同時可以加入心情圖示，動手設計之後，才發現限制蠻多，例如：**清除畫布** 方法會將所繪圖形一次全部清除，無法只清除部分的圖形，也無法以動態的方式加入 **球形精靈**、**圖像精靈** 當作心情圖示 (只能以靜態方式)，同時，也無法設定透明度。這個專案結合了照相機的創意、程式設計的思維、拖曳的技巧，具有很好的參考價值。

因為目前 APP Inventor 2 的限制，本專案仍有很多改進空間，或許有一天，APP Inventor 2 的功能增強，以上的問題都可迎刃而解。

11

APP 專案：
英文語音測驗

語音辨識是智慧型手機的一大特色，其技術發展至今已達實用階段，準確度能被大部分使用者接受。通常會和語音辨識相伴被討論的是「語音合成」功能，它和語音辨識相反，是將使用者輸入的文字以語音讀出。同樣的情況，經過十多年的發展，目前大部分使用者已能聽懂語音合成所發出的結果。

「英文語音測驗」專案使用 **語音辨識** 元件及 **文字語音轉換器** 元件 (語音合成)，設計選擇題式英文聽力測驗，只要輸入題目就能讀出讓學生做答。為改善語音輸出效果，採用切割文句方式讓輸出語音更清楚。使用者可以用點按螢幕方式輸入答案，也可用語音方式輸入解答，非常方便。

11.1 專案介紹：英文語音測驗

語音辨識是智慧型手機的一大特色，其技術發展至今已達實用階段，準確度能被大部分使用者接受。由於網路日漸普及與速度大幅提高，語音辨識通常是將聲音傳送到伺服器進行解析，再將結果送回，這樣不但減輕手機端的負擔，也可增加辨識準確度。

通常會和語音辨識相伴被討論的是「語音合成」功能，它和語音辨識相反，是將使用者輸入的文字以語音讀出。同樣的，經過十多年的發展，目前大部分使用者已能聽懂語音合成所發出的結果。語音合成的利用很廣，例如可以為各種公共設施加入語音導引，幫助視障者使用公共設施；可以為不識字或老年人讀報，增加這些弱勢者的視野。

托福及多益等國際性測驗，英文聽力是非常重要的部分，國內升高中及大學的學力測驗，也正在考慮加入英文聽力測驗。本專案使用 **文字語音轉換器** 元件 (語音合成) 設計選擇題式英文聽力測驗，只要輸入題目就能讀出讓學生做答。為改善語音輸出效果，採用切割文句方式讓輸出語音更清楚。使用者以點按螢幕方式輸入答案，系統會立刻告知答案正確性並以文字顯示考題。

11.2 語音辨識相關元件

本專案主要是使用行動裝置的語音元件，若是要將使用者所說的語音轉換為文字，可使用 **語音辨識** 元件；相對的，若是要將使用者輸入的文字以語音說出，則需用 **文字語音轉換器** 元件。

11.2.1 語音辨識元件

功能說明

應用程式如果能用語音來控制各種功能，那是多麼神奇的事啊！有了 **語音辨識** 元件後，要做到語音辨識是輕而易舉的事，更令人驚訝的是，中文也可以通喔！

語音辨識 元件屬於 **多媒體** 類別。 **語音辨識** 元件功能啟動後，會開啟語音輸入視窗讓使用者輸入語音，然後將語音轉換為文字傳回。系統所能辨識的語言與手機型號及所在地區有關，使用者也可自行設定。開啟手機 **設定 / 語言與鍵盤 / Google 語音輸入 / 選擇輸入語言**，預設值為 **自動**，通常會辨識英文及當地語言；如果要自行設定語音辨識語言，可取消核選 **自動**，再於下方選取要使用的語言。

Google 語音輸入位置因手機廠牌而異

Google 語音輸入功能在 **設定** 中的位置會因手機廠牌不同而在不同的位置，使用者可在設定功能內以「Google 語音輸入」搜尋得知。

屬性、方法及事件

語音辨識 元件在設計階段沒有任何屬性。常用的屬性、方法及事件有：

屬性、方法及事件	說明
語言 屬性	設定及取得目前的語言種類。
結果 屬性	儲存語音辨識後傳回的辨識結果。
辨識語音 方法	啟動語音辨識功能讓使用者輸入語音。
識別完成 (返回結果) 事件	語音辨識完成後觸發本事件，參數 **返回結果** 為語音辨識結果。
準備辨識 事件	進行語音辨識前觸發本事件。

深入解析

使用 **語音辨識** 元件非常簡單，因為 **語音辨識** 元件在介面設計時沒有任何屬性 (**結果** 屬性只能在程式拼塊中讀取)，只要在設計階段將其拖曳到工作面板區就可使用。**語音辨識** 元件以 **辨識語音** 方法啟動語音辨識功能，程式拼塊為：

使用者發出語音後，系統會將收到的語音以網路傳送到伺服器辨識，再將辨識結果傳回，所以使用語音辨識功能時必須開啟網際網路連線才能執行。行動裝置收到辨識結果後會觸發 **識別完成 (返回結果)** 事件，辨識結果存於參數 **返回結果** 中，設計者可在此事件處理辨識結果。例如下面程式拼塊將辨識結果顯示於 **標籤 1** 元件中：

11.2.2 提高辨識率的技巧

由於每個人的發音、聲調等會有差異，造成辨識結果不同，程式要如何設計才能得到最好的效果呢？下面是一些實用的技巧：

使用「語詞」或「句子」

中文單字重複的發音相當多，說「單字」時得到正確單字的機率很低，例如說「前」時，辨識結果可能是同音「錢」、「潛」等，也可能是發音相近的「全」、「權」等。語音辨識時，系統會在詞庫中加以比對，如此可大幅提高辨識結果正確率，例如說「金錢」時，幾乎都可得到正確辨識結果。

使用「檢查文字」拼塊判斷

判斷辨識結果時如果使用「＝」，辨識結果必須完全符合預期才算正確，但因辨識結果可能產生誤差，如果只有部分正確時，使用「＝」的話就會判斷為不符合。此時可使用 **檢查文字** 拼塊擴大可能的辨識結果：例如要使用「停止」功能，若不會與其他功能衝突時，只要語音辨識結果有「停」或「止」都算符合，如此可提高辨識率，程式拼塊為：

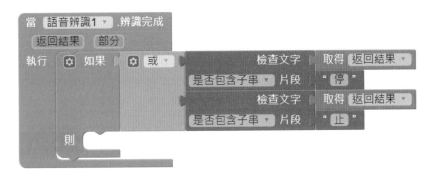

綜合多人語音辨識結果

為增加判斷辨識結果多樣性，同樣語詞可讓多人進行發音測試，記錄其結果後得到綜合結論，最後判斷要盡可能包含所有語音辨識結果。例如「停止」的語音辨識結果有「停止」、「停滯」、「瓶子」、「因子」等，所以使用 **檢查文字** 拼塊，只要語音辨識結果有「停」或「子」都算正確，就可包含所有可能性。

下面小範例可顯示語音辨識的結果，設計者可用其蒐集不同人的語音辨識結果。

範例：語音辨識結果

按 **語音輸入** 鈕會開啟語音輸入視窗，說出一段話語後，上方 **辨識結果** 欄會顯示語音辨識後傳回的文字。(ch11\ex_SpeechCollect.aia)

專案練習建議

因為使用 **語音辨識** 功能，建議使用 **實機** 測試或安裝執行專案，而且要連結網路。

» 介面配置

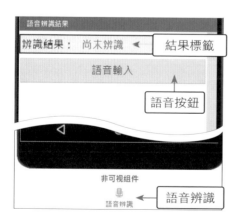

» 程式拼塊

使用者按 **語音輸入** 鈕後處理的程式拼塊。

1
```
當 語音按鈕 ▼ .被點選
執行  呼叫 語音辨識 ▼ .辨識語音
```

2
```
當 語音辨識 ▼ .辨識完成
 返回結果   部分
執行  設 結果標籤 ▼ . 文字 ▼ 為  取得 返回結果 ▼
```

1 使用者按 **語音輸入** 鈕就開啟輸入語音視窗讓使用者輸入語音。

2 使用者輸入語音完畢後顯示辨識結果文字。

11.2.3 **文字語音轉換器元件**

相對於將語音轉換為文字的 **語音辨識** 元件，APP Inventor 2 也提供反向的 **文字語音轉換器** 元件，可將文字轉換為語音 (TTS)。

功能說明

文本語音轉換器 組件的功能是將傳入的文字以語音方式讀出，**文本語音轉換器** 組件屬於 **多媒體** 類別。

文字語音轉換器 元件的利用很廣，例如可以為各種公共設施加入語音導引，幫助視障者使用公共設施；可以為老人家讀報，彌補老人家因老花眼不方便看報紙的缺憾。只要有現成的文字檔案，**文字語音轉換器** 元件就能以語音讀出，不必花費大量錄音的時間及金錢。

屬性、方法及事件

屬性、方法及事件	說明
可用國家 屬性	取得目前可用的國家，只能在程式中使用。
可用語言 屬性	取得目前可用的語言，只能在程式中使用。
國家 屬性	設定讀出語音的國家口音。
語言 屬性	設定讀出語音的語言。
音調 屬性	設定讀出語音的音調，其值為 0 到 2 之間。
語言速度 屬性	設定讀出語音的速度，其值為 0 到 2 之間。

屬性、方法及事件	說明
結果 屬性	傳回轉換是否成功，「真」表示轉換成功，「假」表示轉換失敗。此屬性只能在程式拼塊中使用。
唸出文字 (訊息) 方法	啟動文字轉換語音功能，參數 **訊息** 是要轉換的文字內容。
唸出結束 (返回結果) 事件	文字轉換語音完成後觸發本事件，參數 **返回結果** 傳回轉換是否成功。
準備唸出 事件	文字轉換語音前觸發本事件。

深入解析

語言 及 **國家** 屬性分別設定語言及國家口音，如果沒有設定，程式仍能正常執行，預設是以行動裝置所在地區的語言發音。

結果 屬性會傳回轉換是否成功，傳回值只有「真」及「假」兩種。設計者可根據此傳回值做後續處理，例如若行動裝置不支援文字轉語音功能，啟動 **文本語音轉換器** 組件後會傳回「假」，設計者可用對話方塊告知使用者。

文字語音轉換器 元件支援的語言及國家口音整理於下表：

語言	語言屬性值	國家屬性值
英語	en	AUS、BEL、BWA、BLZ、CAN、GBR、HKG、IRL、IND、JAM、MHL、MLT、NAM、NZL、PHL、PAK、SGP、TTO、USA、VIR、ZAF、ZWE
華語	zh	TWN、CHN
法語	fr	BEL、CAN、CHE、FRA、LUX
德語	de	AUT、BEL、CHE、DEU、LIE、LUX
西班牙語	es	ESP、USA
義大利語	it	CHE、ITA
荷蘭語	nl	BEL、NLD
波蘭語	pl	POL
捷克語	cs	CZE

以英語為例，美國口音其 **國家** 屬性值為「USA」，英國口音則為「GBR」。

範例：英語問答

程式執行時會以英語詢問使用者的姓名，如果使用者未輸入姓名就按 **回答姓名** 鈕，系統會在下方顯示必須輸入資料的提示訊息；使用者輸入姓名後按 **回答姓名** 鈕，系統會以英語回答使用者的姓名為何。

接著問題會自動變更為詢問年齡，使用者輸入年齡後按 **回答年齡** 鈕，系統會以英語回答使用者的年齡為何。**(ch11\ex_Question.aia)**

專案演習重點

因為使用 **文字轉語音** 功能，建議使用 **實機** 測試或安裝執行專案，並連結網路。

» 介面配置

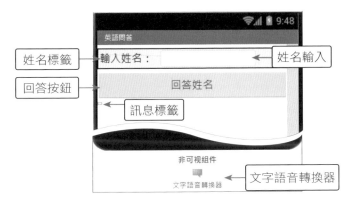 

» 程式拼塊

1. 變數宣告及設定程式初始值。

1 ⋯⋯ 初始化全域變數 旗標 為 假

2 ⋯⋯ 初始化全域變數 題數 為 1

當 Screen1 . 初始化
3 ⋯⋯ 執行 設 文字語音轉換器 . 語言 為 " eng "
設 文字語音轉換器 . 國家 為 " USA "
4 ⋯⋯ 呼叫 文字語音轉換器 .唸出文字
訊息 " What is your name? "

1 **旗標** 變數記錄在語音播放完畢後是否繼續播放下一段錄音。

2 變數 **題數** 儲存目前是第幾題。

3 設定語音為美式英語。

4 程式開始執行就以語音說「What is your name?」。

2. 使用者按 **回答姓名** 鈕執行的程式拼塊。

當 回答按鈕 .被點選
1 ⋯⋯ 執行 如果 文字比較 姓名輸入 . 文字 = " "
則 設 訊息標籤 . 文字 為 " 必須輸入資料！ "
2 ⋯⋯ 否則 設 訊息標籤 . 文字 為 " "
3 ⋯⋯ 如果 取得 全域 題數 = 1
則 呼叫 文字語音轉換器 .唸出文字
4 ⋯⋯ 訊息 合併文字 " My name is "
姓名輸入 . 文字
5 ⋯⋯ 設置 全域 題數 為 取得 全域 題數 + 1
設置 全域 旗標 為 真
6 ⋯⋯ 否則，如果 取得 全域 題數 = 2
則 呼叫 文字語音轉換器 .唸出文字
訊息 合併文字 " I am "
姓名輸入 . 文字
" years old. "
設 訊息標籤 . 文字 為 " 結束！ "
設 回答按鈕 . 啟用 為 假

1 如果未輸入資料即按 回答 鈕，就在下方顯示提示訊息。

2 若輸入資料後按 回答 鈕，首先清除提示訊息，以免顯示殘留的提示訊息。

3 如果是第一題就執行此區塊：第一題較複雜，先以語音回答姓名，接著要變更題目，再以語音說出第二題題目 (詢問年齡)。

4 以 文字語音轉換器 元件的 唸出文字 方法說出第一題解答。

5 將題數加 1，因第二題時需先讀出第一題的答案後再讀第二題題目，所以設定第一段語音讀完後要再讀下一段語音 (旗標 = 真)。

6 如果是第二題就以語音回答年齡，將訊息改為「結束！」，並使 回答 按鈕失效，以免使用者再按此按鈕。

3. 回答第一題後執行的程式拼塊。

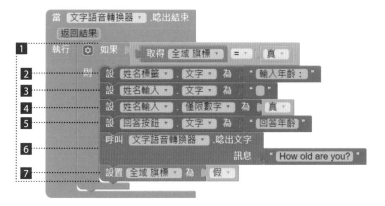

1 「旗標 = 真」時才執行 2 到 7。

2 說明文字改為「輸入年齡：」。

3 清除輸入文字框，讓使用者重新輸入。

4 年齡一定是數值，所以設定只能輸入數字。

5 按鈕文字改為「回答年齡」。

6 以語音說出第二題題目。

7 關閉讀下一段的旗標 (旗標 = 假)。

11.3 英文語音測驗 APP

Android 系統是專為行動裝置打造的程式設計環境，行動裝置的最大特色就是擁有許多功能強大的硬體，除了使用者熟悉的打電話、照相、錄音等一般功能外，語音相關功能也是使用者津津樂道的功能。

11.3.1 專案發想

前陣子突然接到兒子打來的電話，高興的說他參加多益測驗，得到八百多分的高成績，後來的慶祝活動讓我飛走了好幾張小朋友呢！上網查了一下資料，才知道英文聽力在多益測驗中佔了相當重要的地位，而我任教的高中職學生，最感頭痛的科目就是英文聽力。

現在學生幾乎人手一支智慧型手機，如果能用手機做為學習英文聽力的工具，應會有相當大的效果，而智慧型手機具有語音辨識及語音合成功能，只要教師建立好題庫，就能進行學習，免掉最費時費力的錄音工作，輕易即可建立英文聽力測驗工具。

11.3.2 專案總覽

本專案題庫已建立十題選擇題，測驗時每題 10 分。程式執行時會顯示題號，按 **讀出題目** 鈕後系統會以語音將題目及選項讀出，當讀完題目後會以表列顯示 A、B、C、D 選項讓使用者選取作答。(**ch11\mypro_voiceExam.aia**)

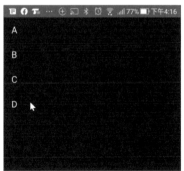

使用者作答後，為達到立即回饋的最佳學習效果，系統會顯示題目並立刻檢查答案是否正確：若答案正確就將得分加 10 分。答完全部題目後會顯示總得分。

因為使用 **文字轉語音** 功能，建議使用 **實機** 測試或安裝執行專案，並連結網路。

11.3.3 介面配置

本專案的介面配置很單純，主要由一個 **按鈕**、一個 **清單選擇器** 元件及三個顯示題號、答案訊息及分數的 **標籤** 元件組成。

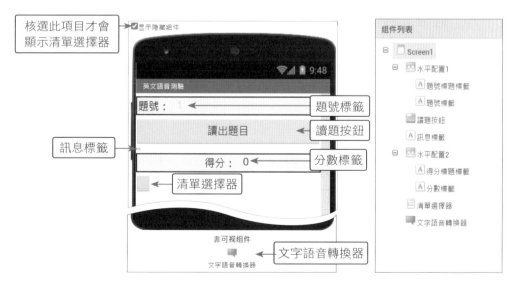

取消核選 **清單選擇器** 元件的 **可見性** 屬性，此元件在執行時就不會顯示。此處需核選 **顯示隱藏組件** 項目，才能在工作面板顯示 **清單選擇器** 元件

題號標籤 元件顯示目前正在作答的題號,每答完一題會以程式將其值增加 1,直到第 10 題為止。

本專案以語音讀出題目時,為得到較好語音效果,會將題目切成九個部分 (包含題目、A、B、C、D 及四個答案) 連續讀出。

11.3.4 專案分析和程式拼塊說明

1. 定義全域變數:

1 **計數** 做為連續播放語音的計數器。

2 **題號** 儲存目前題號。

3 **得分** 為使用者所得的分數。

4 **題目清單** 清單儲存所有題目。

5 **答案清單** 清單儲存所有答案。

6 **單題** 清單儲存單一題目以「#」為分隔符號分解的 9 個字串。

每一個題目由題幹、四個選項及 ABCD 組成,項目之間以「#」分開,格式為:

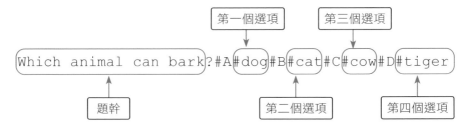

題目以「#」為分隔符號分解為 9 個字串儲存於 **單題** 清單中,第一個元素為題幹,第二個元素為「A」,第三個元素為選項一,第四個元素為「B」,第五個元素為選項二,依此類推。

    7 **輸入答案** 儲存使用者輸入的答案。

    8 有些拼塊較長，**暫存字串** 做為儲存暫時字串用。

    9 **單題題目** 儲存完整單一題目字串。

2. 程式開始時初始化。

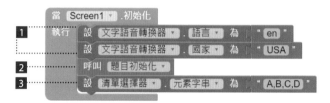

    1 設定語音為美式英語。

    2 **題目初始化** 自訂程序會建立題目及答案清單。

    3 建立 **清單選擇器** 的選項為 A、B、C、D。

3. **題目初始化** 自訂程序會建立題目及答案清單。

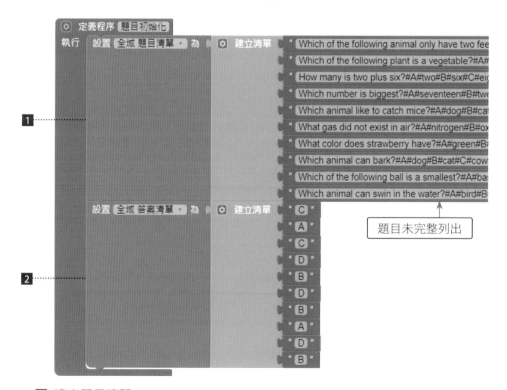

題目未完整列出

    1 建立題目清單。

    2 建立答案清單。

4. 使用者按 **讀出題目** 鈕執行的程式拼塊。

■ 清除解答顯示，讓使用者重新選取。

■ 以 **朗讀題目** 自訂程序將題目以語音方式讀出，傳入的參數是目前題目。

5. **朗讀題目** 自訂程序的功能是以語音讀出題目。

■ 傳入的參數 **題目** 為題目字串。

■ 將題目以「#」為分隔字元分解，**單題** 清單中有 9 個字串元素。

■ 將計數器重設為 1。

■ **朗讀一段文字** 自訂程序會讀出一段字串語音。

6. **朗讀一段文字** 自訂程序的功能是以語音讀出 **單題** 清單中一個字串元素。

■ 取得要以語音讀出的字串 (**單題** 清單的元素)。

■ 以語音讀出字串。

■ 計數器加 1，再次呼叫 **朗讀一段文字** 自訂程序時會讀出下一個字串。

7. **文字語音轉換器** 元件在讀完語音後會觸發 **唸出結束** 事件。

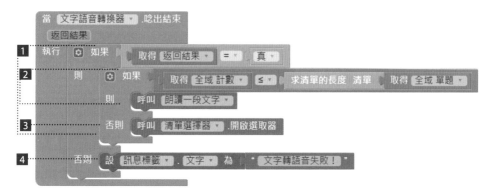

■ 如果正常讀出語音就執行此區塊程式拼塊。

■ 如果計數器的值小於或等於 **單題** 清單長度，表示尚未讀完此題目所有語音，就呼叫 **朗讀一段文字** 自訂程序讀出下一個字串。

■ 如果計數器的值大於 **單題** 清單長度，表示已讀完此題目所有語音，就呼叫 **清單選擇器** 顯示 A、B、C、D 選項讓使用者選取。

■ 如果讀出語音時有錯誤就顯示提示訊息。

8. 使用者選取答案後就觸發 **清單選擇器 . 選擇完成** 事件。

■ 將選取的答案存於 **輸入答案** 變數中。

■ **檢查答案** 自訂程序會檢查答案是否正確。

9. **檢查答案** 自訂程序功能為檢查答案是正確。

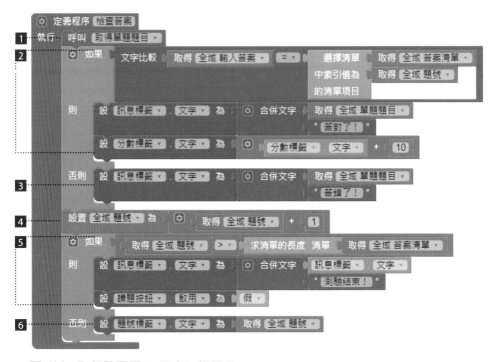

1 執行 **取得單題題目** 程序取得題目。

2 如果答案正確就顯示題目及答對訊息，並將分數增加 10 分。

3 如果答案錯誤就顯示題目及答錯訊息。

4 將題號增加 1。

5 如果題號大於題目總數就顯示測驗結束訊息，並讓 **讀題按鈕** 失效。

6 如果還有題目就顯示新題號。

10. **取得單題題目** 自訂程序功能為取得單一題目字串。

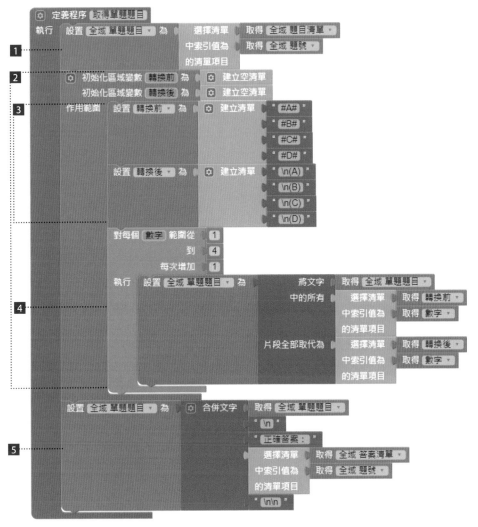

1 取得原始題目：原始題目為包含「…#A#…#B#…」的字串。

2 建立兩個區域變數進行字串轉換。

3 **轉換前** 清單儲存要轉換的文字「#A#, #B#, ……」，**轉換後** 清單儲存轉換後的文字「(A), (B), ……」。

4 使用迴圈逐一轉換文字。

5 將正確答案加入顯示字串中。

11.3.5 未來展望

語音輸入與文字語音元件在現代社會的使用率是超過你我想像的，例如 Google 公司的「OK, Google」、Apple 公司的「Hi, Siri」，這些你我都熟悉的 AI 語音助理，都是這些技術的真實呈現。

本專案僅建立 10 個題目做為示範，教師可依照需求自行建立各種主題或測驗題目。當題目數量龐大時，可將題目建置在 **微型資料庫** 元件中，執行時只載入使用的題目即可；也可將題目以 Json 或 CSV 格式置於網路上，要使用時再由網路上讀入。另外，可以建立隨機選題的測驗系統，類似多益測驗，每次測驗由系統以亂數方式在龐大資料題庫中選取題目來測驗。

APP 專案：點餐系統

現在已經有非常多餐廳使用手機 APP 進行點餐，不但節省餐廳許多人力及人事成本，顧客也可在完全沒有壓力的情形下檢視及討論餐點，點餐結果會立刻傳到廚房製作餐點，增加製作效率，而且可以減少人工點餐產生的溝通失誤。

本專案以 **下拉式選單** 及 **清單顯示器** 元件製作點餐系統，使用者可選擇不同種類的餐點，也可選擇數量，系統會計算單項餐點的小計金額及餐點的總金額，做為使用者是否繼續點其他餐點的參考。

APP Inventor 2 初學特訓班

12.1 專案介紹：點餐系統

現在已經有非常多餐廳使用手機 APP 進行點餐，不但節省餐廳許多人力及人事成本，顧客也可在完全沒有壓力的情形下檢視及討論餐點，點餐結果會立刻傳到廚房製作餐點，增加製作效率，而且可以減少人工點餐產生的溝通失誤。

本專案製作點餐系統，使用者先點選種類，下方清單顯示器會顯示該種類所有品項餐點，接著選擇數量，再點選餐點品項名稱就完成單項餐點，系統會立刻計算單項餐點的小計金額，也會計算所有餐點的總金額，做為使用者是否繼續點其他餐點的參考。

本專案使用 APP Inventor 2 的 **清單顯示器** 元件顯示餐點資訊，除了餐點名稱之外，還可以加上圖片及餐點說明，讓餐點更生動。

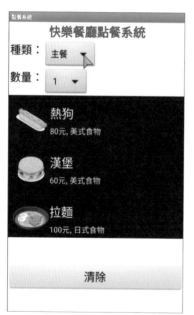 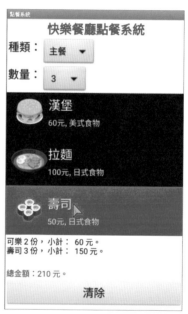

12.2 專案使用元件

在這個專案中，除了使用基本的 **標籤**、**按鈕** 元件外，是以 **下拉式選單** 及 **清單顯示器** 元件讓使用者選擇所需要的餐點資訊。

12.2.1 下拉式選單元件

下拉式選單 元件僅佔用極少界面空間，使用者點選元件後會以美觀的表列形式顯示清單元素值，同時可讓使用者在表列中點選，元件會傳回使用者選取的元素值。

下拉式選單 元件屬於 **使用者介面** 元件，常用屬性有：

屬性	說明
元素	設定清單為顯示資料項目，只有程式拼塊才能設定本屬性。
元素字串	設定字串為顯示資料項目，資料項目之間以逗號分隔。
提示	設定彈出式選項視窗的標題。
選中項	設定選取的項目。
選中項索引	設定選取項目的編號，只能在程式拼塊中設定此屬性。
可見性	設定是否在螢幕中顯示元件。

元素字串 屬性可設定清單元素值，元素值之間以逗號分開，例如設定 **元素字串** 屬性值為「David,Lily,Ken」，會建立三個元素，第一個元素為 David、第二個元素為 Lily、第三個元素為 Ken。

通常清單元素值是在拼塊編輯頁面以程式拼塊設定，因此在拼塊編輯頁面多一個畫面編排頁面沒有的屬性：**元素**，用於程式拼塊中指定 **下拉式選單** 元件的清單來源。例如設定 **下拉式選單** 元件的來源是 **姓名** 清單：

設 [下拉式選單 ▾] . [元素 ▾] 為 | 取得 [全域 姓名 ▾]

下拉式選單 元件常用的事件及方法有：

事件或方法	說明
選擇完成 事件	點選 **下拉式選單** 元件的項目後觸發本事件。
呼叫元件顯示清單 方法	利用其他元件來啟動 **下拉式選單** 元件的選項。

選擇完成 事件幾乎是每一個 **下拉式選單** 元件都會使用的事件,因為使用者點選 **下拉式選單** 元件的元素後,需靠 **選擇完成** 事件做為後續處理。

範例:以下拉式選單元件讓使用者選取

使用者按 **下拉式選單** 時,應用程式會顯示清單元素,使用者點選元素後返回原頁面,選取的元素值會顯示於頁面下方。(ch12\ex_spinner.aia)

» 介面配置

» 程式拼塊

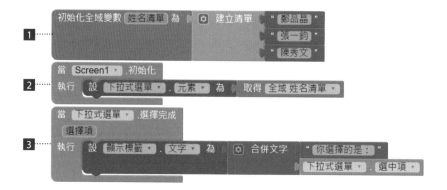

1 建立有三個姓名的 **姓名清單** 清單。

2 程式開始執行後設定 **下拉式選單** 元件的清單來源為 **姓名清單**。

3 **選擇完成** 事件：顯示使用者選取的元素值，選取的元素值儲存於 **下拉式選單** 元件的 **選中項** 屬性中。

12.2.2 清單顯示器元件

清單顯示器 元件的功能與 **清單選擇器** 及 **下拉式選單** 元件相同，都是顯示清單元素值讓使用者選取，不同的是 **清單顯示器** 元件不用點選，直接顯示清單元素值選項。

清單選擇器 元件屬於 **使用者介面** 元件，常用屬性有：

屬性	說明
背景顏色	設定清單顯示器中背景的顏色。
元素	設定清單為顯示資料項目，只有程式拼塊才能設定本屬性。
元素字串	設定字串為顯示資料項目，資料項目之間以逗號分隔。
FontSizeDetail	設定選項說明文字的大小，預設值為「14」。
FontTypefaceDetail	設定選項說明文字的字體。
高度	設定元件高度。
寬度	設定元件寬度。
ImageHeight	設定選項圖形的高度。
ImageWidth	設定選項圖形的寬度。
ListData	設定選項圖形及文字資料的清單。
ListViewLayout	設定選項版面配置，例如純文字或包含圖形及文字等。
Orintation	設定排列的方向，預設為垂直方向。
選中項	設定選取的項目。
選中項索引	設定選取項目的編號，只能在程式拼塊中設定此屬性。
選中顏色	設定選項被選中後的顏色
顯示搜尋框	設定是否啟用篩選選項功能。
文字顏色	設定清單顯示器中文字的顏色
TextColorDetail	設定選項說明文字的顏色。
字體大小	設定文字大小，預設值為「22」。

清單顯示器 元件的 **元素** 及 **元素字串** 屬性可設定清單元素值，使用方法與**清單選擇器** 及 **下拉式選單** 元件相同，不再贅述。

ListViewLayout 屬性

清單顯示器 元件最為人稱道的是其可用多種方式顯示清單元素值，顯示方式是以 **ListViewLayout** 屬性值設定。**ListViewLayout** 的屬性值有五種：

屬性值	顯示範例
MainText	咖啡
MainText,DetailText(Vertical)	咖啡 60元, 提神醒腦
MainText,DetailText(Horizontal)	咖啡　　60元, 提神醒腦
Image,MainText	咖啡
Image,MainText,DetailText(Vertical)	咖啡 60元, 提神醒腦

顯示格式以三個項目組合而成：

- **MainText**：主要文字，通常做為清單元素的標題。
- **DetailText**：細節文字，通常做為清單元素的說明。
- **Image**：圖片。

MainText、**DetailText** 及 **Image** 的資料則在 **ListData** 屬性中設定，關於 **ListData** 及 **ListViewLayout** 在 **組件屬性** 面板和程式中的使用方法，將在稍後詳細說明。

ListViewLayout 及 **元素字串** 屬性都是設定清單元素值，若兩者都設定，則以 **ListViewLayout** 屬性值優先。

清單顯示器 元件常用的事件及方法有：

事件或方法	說明
選擇完成 事件	使用者點選 **清單選擇器** 元件的元素後觸發本事件。
CreateElement 方法	新增 **清單選擇器** 元件的元素。
GetDetailText 方法	取得 **清單選擇器** 元件元素的 DetailText 值。
GetImageName 方法	取得 **清單選擇器** 元件元素的 Image 值，即圖片檔案名稱。
GetMainText 方法	取得 **清單選擇器** 元件元素的 MainText 值。

12.2.3 清單顯示器元素顯示方式

清單顯示器 元素的多元顯示方式是以 **ListViewLayout** 及 **ListData** 屬性設定。

組件面板設定顯示方式

1. 首先在 **組件屬性** 面板點選 **ListViewLayout** 屬性，在下拉式選單中點選要使用的顯示方式。

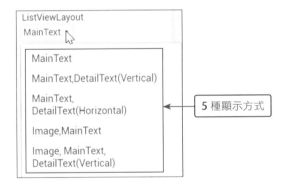

2. 點選 **ListData** 屬性，在 **Add Data to the ListView** 對話方塊點選 **Click to Add Row Data**。

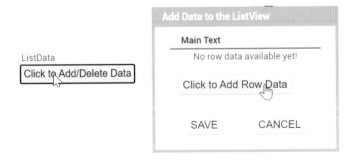

3. 不同顯示顯示方式設定的對話方塊不一樣，填入資料後按 **SAVE** 鈕就完成新增一個清單元素。注意：**Image** 項目只能使用選取方式輸入，因此需先將圖片檔案上傳。

▲ MainText

▲ Image,MainText,DetailText

▲ MainText,DetailText

▲ Image,MainText

4. 重複操作步驟 2 及 3 即可新增其他元素，若要刪除元素就按該元素右方的 **DELETE** 鈕。

在程式中設定顯示方式

如果 **清單顯示器** 的清單元素值不是固定不變，就必須在程式中設定，才能以同一個 **清單顯示器** 顯示不同清單元素值。

1. 首先在 **組件屬性** 面板點選 **ListViewLayout** 屬性，在下拉式選單中點選要使用的顯示方式。注意：程式拼塊中並沒有 **ListViewLayout** 屬性拼塊，此屬性務必要在 **組件屬性** 面板中設定。

2. 先建立一個空清單變數儲存清單顯示器元素：例如建立 **飲料** 空清單變數。

```
初始化全域變數 飲料 為 ⚙ 建立空清單
```

3. 接著以 **清單顯示器** 元件的 **CreateElement** 方法新增一個元素。例如以 Image,MainText,DetailText 方式顯示新增一個元素：

```
⚙ 增加清單項目 清單 取得 全域 飲料
            item 呼叫 清單顯示器1 .CreateElement
                       mainText " 咖啡 "
                       detailText " 60元, 提神醒腦 "
                       imageName " drink1.png "
```

不同顯示方法需設定的參數個數不同，未使用的參數需以空字串做為參數值。例如以 MainText,DetailText 方式顯示新增一個元素：

```
⚙ 增加清單項目 清單 取得 全域 飲料
            item 呼叫 清單顯示器1 .CreateElement
                       mainText " 咖啡 "
                       detailText " 60元, 提神醒腦 "
                       imageName " "
```

4. 所有元素都建立完成後，將元素清單做為 **清單顯示器** 元件的 **元素** 屬性值就完成了。

```
設 清單顯示器1 . 元素 為 取得 全域 飲料
```

取得選取元素值

使用者點選 **清單顯示器** 的元素後，取得選取元素值的方法為：

1. 以 **清單顯示器** 元件 **GetMainText** 方法可取得 **MainText** 項目值。例如元素清單變數為 **飲料**：

```
呼叫 清單顯示器1 .GetMainText
        listElement     選擇清單 取得 全域 飲料
               中索引值為 清單顯示器1 . 選中項索引
               的清單項目
```

2. 同樣的，以 GetDetailText、GetImageName 方法可取得 DetailText、Image 項
   目值。

範例：以清單顯示器元件顯示元素值

使用者按 **顯示清單元素** 鈕後，應用程式會顯示清單元素，使用者點選選項後，選取
的選選項會以紅色顯示，同時下方會顯示選取選項的名稱、說明及圖片檔案名稱。
`(ch12\ex_listview.aia)`

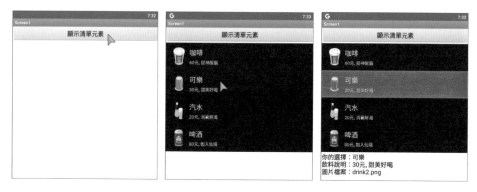

» 介面配置

清單顯示器 元件需在 **組件屬性** 面板進行下列屬性設定：**ImageHeight** 及
ImageWidth 屬性設為「100」，**ListViewLayout** 屬性設為「Image,MainText,Detail
Text(Vertical)」，**選中顏色** 屬性設為「紅色」。

» 程式拼塊

1. 宣告全域變數。

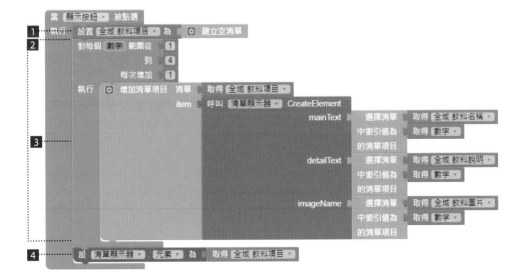

　　1 **飲料項目** 清單儲存 **清單顯示器** 元件的所有元素。

　　2 **飲料名稱** 清單儲存元素的 **MainText** 項目資料。此處使用 **分解文字** 來建立
　　清單，程式以「**#**」為分隔符號分解字串，執行後 **飲料名稱** 清單有「咖啡、
　　可樂、汽水、啤酒」4 個元素，方便下一步以迴圈建立 **清單顯示器** 元素。
　　此種方式可避免重複使用多個 **CreateElement** 拼塊。

　　3 **飲料說明** 清單儲存元素的 **DetailText** 項目資料。

　　4 **飲料圖片** 清單儲存元素的 **Image** 項目資料，即圖片檔案名稱。

2. 使用者按 **顯示按鈕** 的處理程式拼塊。

1 將 **飲料項目** 清單內容清除。如果未進行內容清除，每按一次 **顯示按鈕** 就會新增一次清單元素。

2 使用迴圈加入 **清單顯示器** 元素。

3 利用 **CreateElement** 方法加入 **清單顯示器** 元素。

4 將 **飲料項目** 清單做為 **清單顯示器** 的 **元素** 屬性值。

3. 使用者點選 **清單顯示器** 的選項後觸發 **選擇完成** 事件，顯示選中元素的 **MainText**、**DetailText** 及 **Image** 資料。

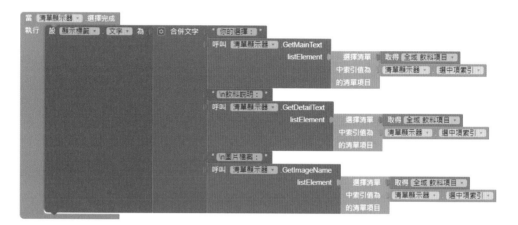

12.3 點餐系統 APP

APP Inventor 2 最近為 **清單顯示器** 元件新增了多種顯示資料的方式，不但可以為顯示資料加上圖片，文字部份也可以同時顯示主要文字及細節文字，讓選項呈現更加美觀及多元樣式。

本專案以 **下拉式選單** 及 **清單顯示器** 元件製作點餐系統，使用者可選擇不同種類的餐點，也可選擇數量，系統會計算單項餐點的小計金額及餐點的總金額，做為使用者是否繼續點其他餐點的參考。

12.3.1 專案發想

現在已經有非常多餐廳使用手機 APP 進行點餐，不但節省餐廳許多人力及人事成本，顧客也可在完全沒有壓力的情形下檢視及討論餐點，點餐結果會立刻傳到廚房製作餐點，增加製作效率，而且可以減少人工點餐產生的溝通失誤。

本專案使用 APP Inventor 2 的 **清單顯示器** 元件顯示餐點資訊，除了餐點名稱之外，還可以加上圖片及餐點說明，讓餐點更生動。

12.3.2 專案總覽

程式執行後會顯示主餐所有餐點項目，餐點項目太多，可捲動項目區查看所有餐點。點選 **種類** 下拉式選單再點選 **飲料**，可切換到飲料項目。(ch12\mypro_order.aia)

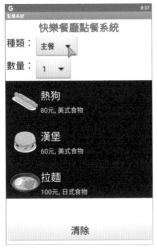

數量 下拉式選單可選擇 1~10 份餐飲，點選餐飲項目後，選中餐飲項目會以紅色呈現，同時下方會顯示單項餐飲的小計金額及所有餐飲總金額。如果要重新點餐，按 **清除** 鈕再於對話方塊點選 **是** 鈕即可清除所有點餐資料。

12.3.3 介面配置

由於本專案元件在設計及執行時可能超過螢幕範圍，**Screen1** 需在 **組件屬性** 面板進行下列屬性設定：**視窗大小** 屬性設為「固定大小」，核選 **允許捲動** 屬性，如此才能捲動螢幕。

項目顯示器 是 **清單顯示器** 元件，需在 **組件屬性** 面板進行下列屬性設定：**高度** 屬性設為「250 像素」，**寬度** 屬性設為「填滿」，**ImageHeight** 及 **ImageWidth** 屬性設為「100」，**ListViewLayout** 屬性設為「Image,MainText,DetailText(Vertical)」，**選中顏色** 屬性設為「紅色」。

點餐標籤 及 **總價標籤** 的 **文字** 屬性設為空字串，使用者未點選餐飲時不會顯示，點選餐飲後才會顯示。

12.3.4 專案分析和程式拼塊說明

1. 定義全域變數：

1~**3** **主餐名稱、主餐説明、主餐圖片** 清單儲存主餐元素的 **MainText**、 **DetailText**、**Image** 項目資料。

4~**6** **飲料名稱、飲料説明、飲料圖片** 清單儲存飲料元素的 **MainText**、 **DetailText**、**Image** 項目資料。

7~**8** **主餐價格、飲料價格** 清單儲存主餐項目、飲料項目的所有價格。

9~**10** **飲料項目、主餐項目** 清單儲存飲料項目、主餐項目的所有元素。

11 **總價** 儲存使用者點選的所有餐飲價格總和。

12 **單一餐飲名稱** 儲存使用者點選的單一餐飲名稱。

13 **單一餐飲價格** 儲存使用者點選的單一餐飲價格。

2. 程式開始時初始化。

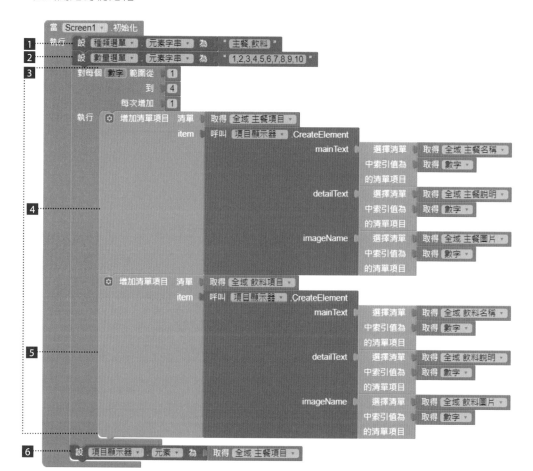

1 設定 **種類選單** 的 **元素** 為「主餐、飲料」兩個。

2 設定 **數量選單** 的 **元素** 為 1~10。

3️⃣ 使用迴圈加入 **清單顯示器** 元素清單。

4️⃣ 利用 **CreateElement** 方法加入 **主餐項目** 清單元素。

5️⃣ 利用 **CreateElement** 方法加入 **飲料項目** 清單元素。

6️⃣ 將 **主餐項目** 清單做為 **項目顯示器** 的 **元素** 屬性值，因此程式開始執行會顯示主餐餐點項目。

3. 使用者點選 **項目顯示器** 中餐飲項目執行的程式碼。

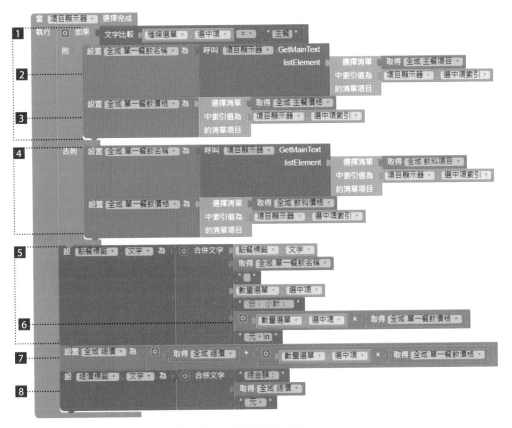

1️⃣ 如果 **種類選單** 選的是「主餐」就執行2️⃣ ~ 3️⃣。

2️⃣ 利用 **項目顯示器** 的 **GetMainText** 方法取得 **MainText** 項目值，即主餐名稱。

3️⃣ 由 **主餐價格** 清單取得點選主餐的價格。

4️⃣ 如果 **種類選單** 選的是「飲料」就取得點選飲料的名稱及價格。

5️⃣ 顯示點選餐飲的名稱、份數及小計金額。

6️⃣ 計算小計金額：點選餐飲的數量乘以價格。

7️⃣ 計算總金額：原來總金額加上此次小計金額。

8️⃣ 顯示總金額。

4. 使用者點 **種類選單** 項目執行的程式拼塊：若點選「主餐」就顯示主餐餐點項目，否則就顯示飲料餐點項目。

當 種類選單 ▼ .選擇完成
選擇項
執行　如果　　文字比較　取得 選擇項 ▼　= ▼　" 主餐 "
　　　則　設　項目顯示器 ▼ . 元素 ▼　為　取得 全域 主餐項目 ▼
　　　否則　設　項目顯示器 ▼ . 元素 ▼　為　取得 全域 飲料項目 ▼

5. 使用者按 **清除按鈕** 鈕執行的程式拼塊：顯示對話方塊讓使用者確認是否要清除所有點餐資料。

當 清除按鈕 ▼ .被點選
執行　呼叫 對話框 ▼ .顯示選擇對話框
　　　　　　　　　　　訊息　" 確定要清除所有點餐資料嗎？ "
　　　　　　　　　　　標題　" 確認清除 "
　　　　　　　　　　按鈕1文字　" 是 "
　　　　　　　　　　按鈕2文字　" 否 "
　　　　　　　　　　允許取消　假 ▼

6. 使用者在確認對話方塊中按 **是** 鈕執行的程式拼塊：將 **總價** 變數值設為 0、清除 **點餐標籤** 及 **總價標籤** 元件的 **文字** 屬性值。

當 對話框 ▼ .選擇完成
選擇值
執行　如果　　文字比較　取得 選擇值 ▼　= ▼　" 是 "
　　　則　設置 全域 總價 ▼　為　0
　　　　　設　點餐標籤 ▼ . 文字 ▼　為　" "
　　　　　設　總價標籤 ▼ . 文字 ▼　為　" "

12.3.5 未來展望

本專案為減少程式拼塊數量，餐飲種類僅有 2 類，每種餐飲僅建立 4 個項目，使用者可使用相同方法增加餐飲種類及項目。完整點餐系統應包含後台管理：使用者點完餐飲後可傳送給廚房準備餐點，將點餐資料儲存於資料，可以統計分析受歡迎的餐飲項目，做為後續改進的參考等。

APP 專案：打磚塊

「打磚塊」是利用基本的碰撞原理製作，若熟悉遊戲運作原理，要製作較複雜的打磚塊關卡也非難事。本專案為簡化程式碼，僅使用一顆球及一列磚塊。

本專案可利用加速度感測器元件來控制擋板移動，也可用拖曳方式移動擋板，充分發揮行動裝置特性。

App Inventor 2

13.1 專案介紹：打磚塊

三十餘年前，街頭電玩遊戲機中最流行的遊戲就是「打磚塊」，許多人寧可節省餐費，也要在一關關的磚塊中尋求突破，同儕的茶餘飯後話題更是始終離不開一個個方塊。時至今日，雖然網路連線遊戲日新月異，「打磚塊」這款小遊戲仍在許多人心中佔有一席之地。

坊間發展出各式各樣的打磚塊遊戲，若深究其基本原理則大同小異，只是在各種磚塊形狀及關卡上開發不同的情境。本專案利用基本的碰撞原理製作傳統打磚塊遊戲，若熟悉遊戲運作原理，要製作較複雜的打磚塊關卡也非難事。本專案為簡化程式碼，僅使用一顆球及一列磚塊。

本專案可利用 **加速度感測器** 元件來控制擋板移動，也可用拖曳方式移動擋板，充分發揮行動裝置特性。

因為 Android 裝置的解析度繁多，本專案最大特色是所有物件的大小及位置採用相對座標，會在專案開始執行時偵測裝置解析度來調整物件的大小及位置，如此就可以在各種裝置中正常操作。

13.2 專案使用元件

在這個專案中，除了使用基本的 **標籤**、**文字輸入盒** 元件外，主要是使用 **畫布**、**球形精靈** 及 **圖像精靈** 元件來進行動畫，這是 APP Inventor 2 最強的功能，只要短短幾個程式拼塊就能處理移動、碰撞等高難度動作。

加速度感測器 元件可偵測使用者是否擺動行動裝置，本專案利用 **加速度感測器** 元件的 **X 分量** 屬性來控制擋板左右移動。

13.2.1 認識加速度感測器元件

加速度感測器 可以偵測 Android 行動裝置傾斜狀況，也可以偵測 X、Y、Z 三個軸加速度的狀態，單位是 m/s^2。X、Y、Z 三個軸的值為：

■ X 軸：當行動裝置正面向上時，X 軸的值為 0。向左傾斜（行動裝置右方抬高）時 X 軸值會遞增，向右傾斜時 X 軸值會遞減。X 軸值的絕對值介於 0 到 9.8 之間。

■ Y 軸：當行動裝置正面向上時，Y 軸的值為 0。向下傾斜（行動裝置上方抬高）時 Y 軸值會遞增，向上傾斜時 Y 軸值會遞減。Y 軸值的絕對值介於 0 到 9.8 之間。

■ Z 軸：當行動裝置正面向上時，Z 軸的值為 9.8；行動裝置直立時，Z 軸的值為 0，當行動裝置正面向下水平靜置時，Z 軸的值為 -9.8，由此可判斷手機放置的方向。此外，行動裝置向上移動時，Z 軸的值會遞增，向下移動時，Z 軸的值會遞減。

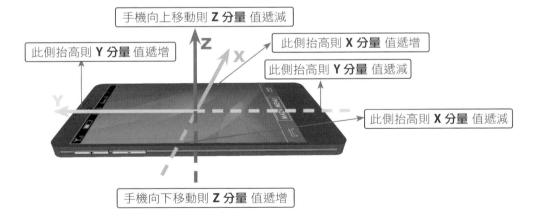

加速度感測器 元件常用屬性和事件：

屬性和事件	說明
可用狀態 屬性	偵測行動裝置是否具有加速度感應的功能。
啟用 屬性	啟動加速度感測器。
最小間隔 屬性	設定行動裝置搖動的最小時間間隔，即在 **最小間隔** 時間內，只允許 **被晃動** 觸發一次，預設是 400 ms。
靈敏度 屬性	設定偵測的敏感程度，分為較弱、適中、高三個等級，預設值為適中。
X 分量 屬性	加速度感測器 X 軸的變化量。
Y 分量 屬性	加速度感測器 Y 軸的變化量。
Z 分量 屬性	加速度感測器 Z 軸的變化量。
加速度變化 (X 分量 , Y 分量 , Z 分量) 事件	當加速器感應值改變時會觸發此事件。
被晃動 事件	當搖動行動裝置時會觸發此事件。

13.2.2 以加速度感測器元件建立動畫

加速度感測器 元件在遊戲中常被用於控制遊戲角色的移動：當使用者擺動行動裝置時，**加速度感測器** 元件的 **X 分量**、**Y 分量** 或 **Z 分量** 會改變，偵測這些值的變化量就可得知行動裝置擺動的方向，做為遊戲角色移動的依據。

有了 **加速度感測器** 元件，使用者可以脫離點擊或拖曳螢幕的操作方式，搖動手機就可對遊戲操縱自如。

範例：外星人回家

當行動裝置正面向上平放時，外星人不動，抬起行動裝置左方時，外星人向右移動；抬起右方時，外星人向左移動；抬起上方時，外星人向下移動；抬起下方時，外星人向上移動。必須小心翼翼穿過兩個綠色障礙物中間的通道，若碰到綠色障礙物會出現警告訊息，按 **確定** 鈕重新開始；若通過綠色障礙物碰到家的圖形，則顯示到家的訊息。(**ch13\ex_et.aia**)

因為使用 **加速度感測器**，建議使用 **實機** 測試或安裝執行專案。

» 介面配置

各元件主要屬性設定如下表：

元件類別	元件名稱	屬性	說明
圖像精靈	家精靈	圖片 :home.png	家圖形。
圖像精靈	外星人精靈	圖片 :et.png	外星人圖形。
圖像精靈	障礙精靈 1	圖片 :block.png	障礙物一。
圖像精靈	障礙精靈 2	圖片 :block.png	障礙物二。
加速度感測器	加速度感測器	無	偵測手機傾斜狀態。
對話框	對話框	無	顯示訊息。

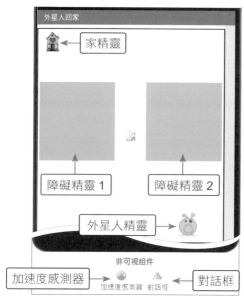

» 程式拼塊

1. 移動外星人程式拼塊：

利用 **加速度感測器** 元件偵測行動裝置傾斜狀態來改變外星人位置，看起來就是外星人在移動。

當行動裝置左方抬起時，**X 分量** 屬性傳回負值，所以外星人的 X 座標值需減掉 **X 分量** 屬性值才會使 X 座標值變大，也就是外星人向右移動；行動裝置右方抬起時，**X 分量** 屬性傳回正值，X 座標值變小，外星人向左移動。

當行動裝置下方抬起時，**Y 分量** 屬性傳回負值，所以外星人的 Y 座標值需加上 **Y 分量** 屬性值才會使 Y 座標值變小，也就是外星人向上移動；行動裝置上方抬起時，**Y 分量** 屬性傳回正值，Y 座標值變大，外星人向下移動。

2. 外星人碰撞處理程式拼塊：

1 當 外星人精靈 .碰撞
其他精靈

2 執行 設 加速度感測器 . 啟用 為 假

3 如果 取得 其他精靈 = 家精靈

則 呼叫 對話框 .顯示選擇對話框
訊息 "恭喜,已經到家了!"
標題 "成功"
按鈕1文字 "確定"
按鈕2文字 ""
允許取消 假

否則 呼叫 對話框 .顯示選擇對話框
訊息 "很不幸,你撞到障礙物了!"
標題 "失敗"
4 按鈕1文字 "確定"
按鈕2文字 ""
允許取消 假

5 當 對話框 .選擇完成
選擇值
6 執行 設 加速度感測器 . 啟用 為 真
呼叫 外星人精靈 .移動到指定位置
7 x座標 240
y座標 300

1 外星人碰撞到障礙物及回到家的處理程式拼塊。

2 使 **加速度感測器** 元件無效,否則外星人仍會繼續移動。

3 檢查外星人是否碰撞到家的圖形,如果是就顯示已回到家的對話方塊。

4 如果外星人碰撞到的不是家的圖形,就一定是障礙物,因此顯示「失敗」訊息。

5 當使用者按下顯示訊息對話方塊中 **確定** 鈕的處理程式拼塊,讓使用者重新開始遊戲。

6 使 **加速度感測器** 元件生效,外星人才可以移動。

7 將外星人移到起始位置。

13.3 打磚塊 APP

與其他 Android 設計系統相較，APP Inventor 2 最強大的功能莫過於動畫的製作，APP Inventor 2 的 **球形精靈** 及 **圖像精靈** 元件就是為動畫所設計，使用這兩個元件，只需設定一下屬性，甚至一個程式拼塊都不必撰寫，就能產生不錯的動畫效果。 本專案利用 **球形精靈** 及 **圖像精靈** 元件製作懷舊的打磚塊遊戲，程式並不複雜，遊戲卻能有絕佳的動畫效果。

13.3.1 專案發想

一直非常懷念數十年前在街頭玩打磚塊遊戲的樂趣，但使用一般程式語言要處理圖形移動及碰撞並非易事，因此見到 APP Inventor 2 的 **球形精靈** 元件，直覺認為它根本是為打磚塊遊戲而建立的。行動裝置最大的優勢就是觸控及感測器，進行遊戲時可以擺脫對於鍵盤操作的陌生，很快就能融入遊戲，本專案可用觸控移動擋板，更使用 **加速度感測器** 偵測行動裝置的傾斜角度，讓使用者只需搖擺行動裝置就可順暢的操控擋板。

許多 Android 遊戲的物件採固定大小，位置也使用絕對座標設定，當行動裝置的解析度改變時，常造成遊戲畫面不正確。本專案中磚塊的大小及位置採用相對大小及座標，可以在各種解析度裝置中正常操作。

13.3.2 專案總覽

程式執行時會顯示遊戲即將開始的對話方塊，按下對話方塊 **開始** 鈕後，球就開始移動。下方會顯示得分：每移除一個磚塊得 5 分，將磚塊全部移除完畢可得 40 分。當磚塊全部移除後，會立刻再出現 8 個磚塊，如此反覆執行，得分沒有上限，直到球出界為止。

使用者可用手觸控拖曳下方的擋板來阻擋球碰撞下邊界，也可以左、右傾斜行動裝置來移動擋板，若球碰撞到下邊界則視為該球出界。(`ch13\mypro_brick.aia`)

 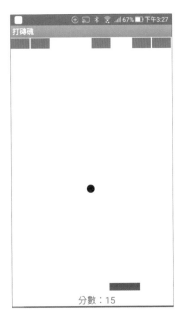

每次遊戲只有一顆球，若球出界，會顯示 **球出界** 對話方塊，按 **重新發球** 鈕可重新開始遊戲，按 **結束** 鈕會結束應用程式。但此功能在模擬器或實機模擬皆無作用，且會顯示需在安裝應用程式 apk 檔的行動裝置上才有效果的提示訊息。

13.3.3 介面配置

介面配置很單純，**畫布** 元件的上方是 8 個磚塊，下方是擋板、球及加速障礙物。

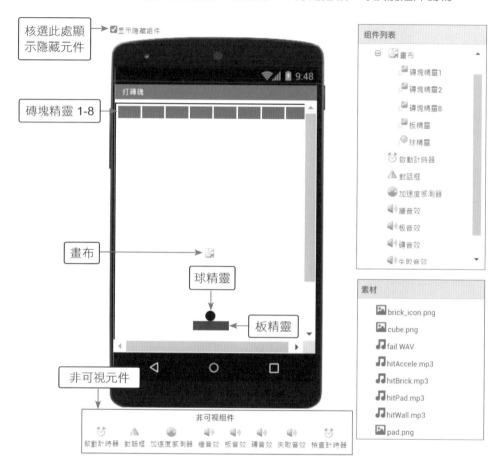

使用元件及其重要屬性

名稱	屬性	說明
磚塊精靈 1 到 磚塊精靈 8	圖片 :cube.png	藍色磚塊。
球精靈	半徑 :8 間隔 :100 可見性：未核選	設定球的半徑為 8 像素，每 0.1 秒移動一次。
板精靈	圖片 :pad.png 可見性：未核選	擋板。
啟動計時器	啟用計時：未核選	程式啟動時延遲 1 秒。
檢查計時器	啟用計時：未核選	檢查球是否出界。
加速度感測器	啟用：未核選	偵測行動裝置傾斜程度。
牆音效	來源：hitWall.mp3	球撞擊邊界的聲音。
板音效	來源：hitPad.mp3	球撞擊擋板的聲音。
磚音效	來源：hitBrick.mp3	球撞擊磚塊的聲音。
失敗音效	來源：fail.wav	球出界的聲音。
對話框	無	開啟對話方塊。

磚塊、球、擋板及加速障礙物的位置都可隨意放置，應用程式執行後會以程式拼塊逐一設定其正確顯示位置。程式開始執行時，球及擋板都先隱藏，當使用者按 **開始** 鈕後才顯示。

球精靈 元件的 **間隔** 屬性值設為 100，表示每 0.1 秒 (100 毫秒) 球會移動一次；**檢查計時器** 元件的 **計時間隔** 屬性值會在程式中設為 10，表示每 0.01 秒 (10 毫秒) 檢查球是否出界一次。這些定時執行的程式相當耗費系統資源，如果行動裝置的 CPU 執行速度較慢，可適度增加這兩個屬性值。

13.3.4 專案分析和程式拼塊說明

1. 定義全域變數：

> **1 磚塊寬度** 儲存磚塊的寬度，因為 8 個磚塊要填滿螢幕寬度，所以此數值會隨螢幕解析度而定，將在程式中計算取得，此處初始值先設定為原始圖形的寬度 40。
>
> **2 磚塊高度** 儲存磚塊的高度，高度固定為 20。
>
> **3 底部高度** 為下方顯示分數的高度，此值固定為 30。
>
> **4** 有些運算式較長，**暫時數值** 做為運算式暫時儲存中間數值用。
>
> **5 畫布高度** 儲存畫布高度：由於螢幕上方有狀態列及標題列，畫布高度是螢幕高度減掉狀態列及標題列的高度。
>
> **6 磚塊清單** 是儲存 8 個磚塊的清單。
>
> **7 磚塊數** 儲存每列的磚塊數量，此值固定為 8。
>
> **8 球 Y 位置** 儲存球起始位置的 Y 座標。

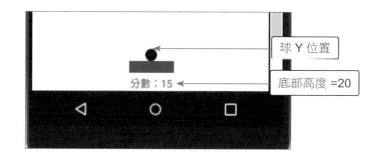

球 Y 位置 ＝ 畫布高度 － 底部高度 － 磚塊高度 － 球半徑 ＊ 2

> **9 球速度** 為球移動速度，此值固定為 25。
>
> **10 分數** 儲存使用者得到的分數。

2. 本專案中各元件的位置及磚塊寬度會根據螢幕解析度做調整，因此必須在程式開始執行就取得螢幕寬度及高度，但如果直接在 **Screen1. 初始化** 事件中執行取得螢幕解析度程式拼塊，常常無法得到正確數值。解決方法是程式啟動後延遲數秒再執行取得螢幕解析度程式拼塊，此時可確保程式啟動完成，各種硬體都已準備好，就可得到正確螢幕寬度及高度。

1 程式開始執行就啟動 **啟動計時器**，1 秒後執行 **啟動計時器.計時** 事件程式拼塊進行初始化。

2 將螢幕寬度除以每列磚塊數得到磚塊理論平均寬度。

3 將理論平均寬度減 2 做為磚塊寬度，這 2 點做為磚塊之間的間隔。

4 狀態列及標題列的高度為 50 像素，**畫布高度** 變數值為螢幕高度減 50。

5 設定 **畫布** 的高度為 **畫布高度** 變數值。

6 設定畫布字元大小為 18、文字顏色為紅色。

7 設定 0.01 秒檢查一次球是否出界。

8 關閉 **啟動計時器**，即 **啟動計時器.計時** 只在程式開始時執行一次。

9 顯示 **開始** 對話方塊讓使用者按 **開始** 鈕開始遊戲。

3. 使用者在 **開始** 對話方塊中按 **開始** 鈕，會觸發 **選擇完成** 事件，呼叫 **重置元件** 自訂程序將各元件初始化。

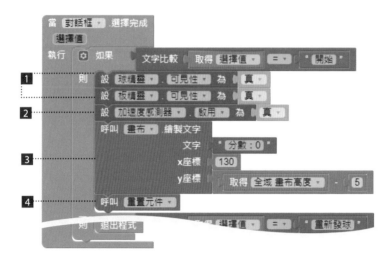

▌1 顯示球及擋板。

▌2 啟動加速度感測器，可擺動行動裝置控制擋板。

▌3 在螢幕下方顯示得分 (此時為 0 分)。

▌4 呼叫 **重置元件** 自訂程序。

4. **重置元件** 自訂程序的功能是將各元件初始化。

▌1 計算 **球 Y 位置** 值。

▌2 **建立磚塊清單** 自訂程序將 8 個磚塊加入 **磚塊清單** 清單中。

▌3 **板及球初始化** 自訂程序將擋板及球初始化並置於起始位置。

▌4 **磚塊初始化** 自訂程序將 8 個磚塊移到起始位置。

▌5 啟動 **檢查計時器** 元件，開始檢查球是否出界。

5. **建立磚塊清單** 程序建立 8 個磚塊物件清單：建立方式是將 8 個磚塊物件拼塊
(component) 逐一拖曳到 **磚塊清單** 整體變數拼塊接合處。

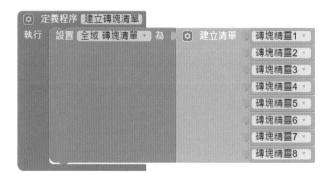

6. **磚塊初始化** 程序將所有磚塊移到初始位置：因為本專案的磚塊寬度會依螢幕解
析度而動態變化，所以每一個磚塊的位置需以程式計算決定。

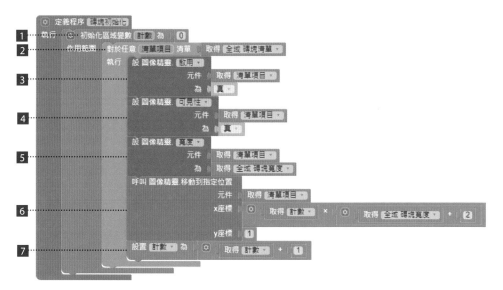

1 **對於任意清單** 迴圈只能取得清單中的元素，無法得到計數器數值，而在迴
圈中需用計數器數值計算磚塊的位置，所以自行使用區域變數 **計數** 來做為
計數變數。

2 以 **對於任意清單** 迴圈對每個清單中的元素執行 **3** 到 **7** 一次。

3 使每一個磚塊生效，即可被球碰撞。

▣ 因為程式執行過程中，若磚塊被碰撞會隱藏，所以初始化使每個磚塊顯示。

▣ 設定磚塊實際寬度 (儲存於 **磚塊寬度** 變數)。

▣ 磚塊理論寬度：實際寬度加上磚塊的間隔 2。

變數 **計數** 由 0 開始，**計數** 乘以磚塊理論寬度就是該磚塊的 X 座標。

▣ 每執行一次迴圈就將計數器加 1。

7. **板及球初始化** 程序會將球及擋板移到起始位置，同時設定球的 **速度** 屬性，讓球開始移動。為了增加遊戲趣味性，每次發球時球的移動軌跡有所不同，因此利用亂數決定發球角度。

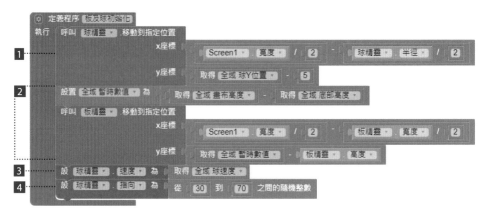

▣ 移動球到起始位置：

球的 X 座標在螢幕的正中央，所以是螢幕寬度的一半 (**Screen1**. **寬度** /2) 減掉擋板寬度的一半 (**板精靈**. **寬度** /2)。

球的起始 Y 座標在程式開始執行時已計算並儲存於 **球 Y 位置** 變數中，此處減 5 是將其置於擋板上方 5 點處，避免系統誤判球與擋板碰撞。

▣ 移動擋板到起始位置：

擋板的 X 座標計算方式與球的 X 座標相同。

擋板的 Y 座標是畫布高度減掉下方分數區高度，再減掉擋板高度。

▣ 設定球的移動速度，如此球就會開始移動。

▣ 利用亂數 (30 到 70 之間) 決定發球角度，這樣可使每次發球的角度不同，導致球的移動軌跡也會不同。

8. 球如果撞到磚塊或擋板時的處理程式拼塊：

1 如果球撞到擋板就播放撞到擋板的音效，並執行 **反彈方向** 自訂程序讓球反彈。

2 如果球撞到磚塊執行的程式拼塊。

3 播放撞到磚塊的音效，讓被撞到的磚塊失去效用 (即以後再被球撞到也沒有反應)，並隱藏該磚塊。

4 將被撞到的磚塊從 **磚塊清單** 清單中移除。

5 將球由反方向彈回。

6 得分加 5 分並更新分數。

7 檢查 **磚塊清單** 清單中是否還有磚塊，如果沒有磚塊表示所有磚塊都已被移除，就將球及擋板重新初始化繼續遊戲。

9. 當球碰撞到磚塊或擋板時，會執行 **反彈方向** 程序改變球的進行方向。同樣的，為了增加球反彈方向的變化，使用亂數改變球反彈方向。

1 使用內建亂數程序取得 -5 到 5 之間的亂數。

2 360 減掉球原來的方向角度就是球反彈後的角度，再加上前一列程式取得的亂數做為反彈角度的調整。

10. 球碰撞到邊界會反彈，使用 **球精靈** 元件的 **反彈** 方法即可，不需自行撰寫反彈的程式拼塊。

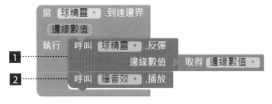

1 使用 **球精靈** 元件的 **反彈** 方法將撞到邊界的球反彈。

2 播放球撞到邊界的音效。

11. 當球在移動過程中，必須隨時檢查球是否超過擋板下緣，如果超過就視為球已出界：需讓球停止移動、播放失敗音效等。

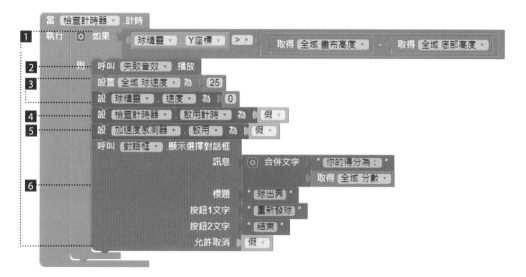

1 如果球的 Y 座標大於畫布高度減分數區高度就表示球已出界，才執行此程式區塊。

2 播放球出界音效。

3 儲存球速，然後將球速設為 0，讓球停止移動。

4 設定 **檢查計時器** 元件失效，即不再檢查球是否出界。

5 停止 **加速度感測器**。

6 顯示 **球出界** 對話方塊。

12. 在 **球出界** 對話方塊中按 **重新發球** 鈕就重新開始遊戲，按 **結束** 鈕就結束應用程式。

```
當 [對話框 ▼].選擇完成
 選擇值
                    呼叫 [重置元件 ▼]              [選擇值 ▼] [= ▼] " 開始 "
[1]      否則，如果   文字比較  取得 [選擇值 ▼] [= ▼]  " 重新發球 "
[2]      則   設置 [全域 分數 ▼] 為 [0]
                呼叫 [畫布 ▼].清除畫布
                呼叫 [畫布 ▼].繪製文字
                               文字    " 分數：0 "
                               x座標   [130]
                               y座標   取得 [全域 畫布高度 ▼] - [5]
[3]             呼叫 [重置元件 ▼]
[4]        設 [加速度感測器 ▼].[啟用 ▼] 為 [真 ▼]
[5]      否則，如果   文字比較  取得 [選擇值 ▼] [= ▼]  " 結束 "
         則   退出程式
```

[1] 若按 **重新發球** 鈕就執行此區塊。

[2] 將分數歸零並更新分數顯示。

[3] 重新初始化球、擋板及磚塊，重新開始遊戲。

[4] 啟動 **加速度感測器**。

[5] 若按 **結束** 鈕就以 **退出程式** 拼塊結束應用程式。

13. 最後是擋板的移動，有兩種方式可以移動擋板：用手觸控拖曳及傾斜行動裝置，兩種方式可以同時進行。首先是觸控拖曳擋板的程式拼塊，這是使用擋板 (**板精靈**) 的 **被拖曳** 事件達成。

```
當 [板精靈 ▼].被拖曳
 起點X座標  起點Y座標  前點X座標  前點Y座標  當前X座標  當前Y座標
執行  呼叫 [板精靈 ▼].移動到指定位置
                    x座標  ⊙ [板精靈 ▼].[X座標 ▼] + 取得 [當前X座標 ▼] - 取得 [前點X座標 ▼]
                    y座標  [板精靈 ▼].[Y座標 ▼]
```

當前 X 座標 參數是目前 **板精靈** 元件的 X 座標，**前點 X 座標** 參數是前一次拖曳 **板精靈** 元件的 X 座標，兩者的差 (**當前 X 座標 - 前點 X 座標**) 就是本次拖曳的距離，

所以擋板原來位置 (**板精靈 .X 座標**) 加上此段拖曳距離就是目前擋板的新位置。

此處使用 **移動到指定位置** 方法僅改變擋板的 X 座標，而 Y 座標則不改變，如此就達到擋板水平拖曳的效果。

14. 使用傾斜行動裝置的方式控制擋板的移動，是使用 **加速度感測器** 元件的 **加速度變化** 事件來偵測行動裝置的傾斜值，因為擋板只需做水平移動，所以使用 **X 分量** 屬性值即可。

為避免誤判使用者的傾斜值，當 **X 分量** 屬性的絕對值大於 2 時才認為使用者要移動擋板。當行動裝置左方抬起時，**X 分量** 屬性傳回負值，所以擋板的 X 座標值需減掉 **X 分量** 屬性值才會使 X 座標值變大，也就是擋板向右移動；行動裝置右方抬起時，**X 分量** 屬性傳回正值，X 座標值變小，擋板向左移動。此處將 **X 分量** 屬性值乘以 2 是為加快擋板的移動速度。

13.3.5 未來展望

打磚塊可說是百玩不厭的經典遊戲，本專案為求精簡程式，許多功能並未加入：例如若遊戲者有事要暫時離開，可以加入遊戲暫停功能，回來後可以繼續進行遊戲；配合 **微型資料庫** 元件，可記錄分數最高的前五名玩家，增加過關的意願；可隨機加入各種障礙阻擋球的正常移動，增加遊戲難度；可新增各式關卡，增加遊戲的趣味性等。這些改變都不困難，可慢慢一點一滴的嘗試加入，一邊鍛鍊撰寫程式的能力，一邊享受他人讚賞的樂趣，一舉兩得！

MEMO

APP 專案：滾球遊戲

「滾球遊戲」專案以加速度感測器的加速度變化事件控制球的滾動。

當白球滾進中間的橘色球洞中，表示成功達陣，並發出成功音效，若白球滾動時碰到旁邊黑色球洞，表示遊戲失敗，同時發出失敗音效。

為了遊戲的趣味性，遊戲中利用計時器控制黑色球洞不停順時針旋轉，以增加遊戲的難度。

在這個專案中，我們結合了一些數學的三角函式，將數學導入到專案中。

14.1 專案介紹：滾球遊戲

滾球遊戲以感測器控制桌面上的白球滾動，當白球滾進中間橘色球洞中，表示成功達陣，並發出成功音效。

若白球滾動時碰到旁邊黑色球洞，表示遊戲失敗，同時發出失敗音效。黑色球洞會順時鐘旋轉，增加遊戲的難度，當白球碰到黑色球洞會消失，經過 1 秒後，白球又會出現在左上方並繼續進行遊戲。按下 **START** 鈕即可開始進行遊戲。

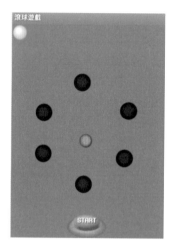
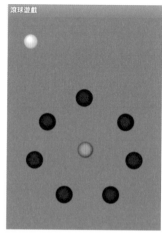
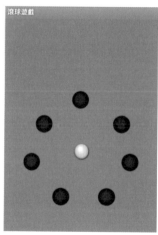
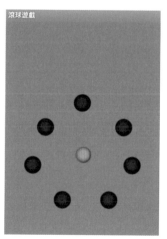

14.2 **滾球遊戲 APP**

以前當學生時，背了一大堆的數學公式，當時大部分都是為了應付考試，很少去了解它實際的應用。這個專案中結合一些數學的三角函式，將數學導入到專案中。

14.2.1 **專案發想**

許多遊戲中，都會加入加速度感測器，這個專案以 **加速度感測器** 的 **加速度變化** 事件為主軸，控制球的滾動。為了遊戲的趣味性，遊戲中利用計時器控制黑色球洞不停地順時針旋轉，以增加遊戲的難度。此外，使用 **碰撞** 事件，判斷白球是否碰到黑球或進洞。

14.2.2 **專案總覽**

按下 **START** 鈕即可開始進行遊戲。將桌面上的白球以感測器控制，滾動進入中間的橘色球洞中，表示完成遊戲，並發出成功音效。

遊戲中，黑球球洞會順時鐘旋轉，增加遊戲的難度，若白球滾動碰到旁邊黑色球洞，表示遊戲失敗，同時會發出失敗音效。當白球碰到黑色球洞會消失，經過 1 秒後，白球又會出現在左上方並繼續進行遊戲。(**ch14\mypro_RollBall.aia**)

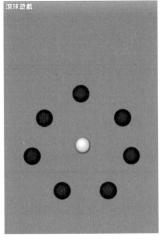

因為使用 **加速度感測器**，建議使用 **實機** 測試或安裝執行專案。

介面配置

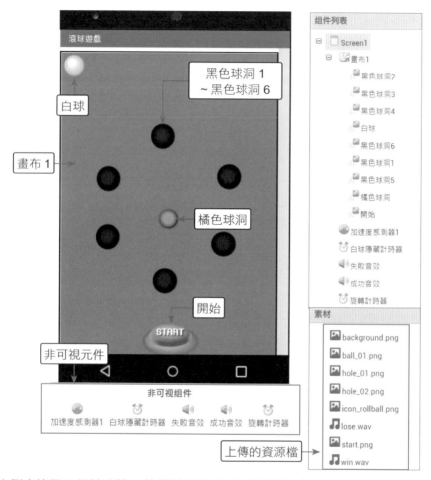

本例中使用 2 個計時器： **旋轉計時器** 和 **白球隱藏計時器**。

旋轉計時器 控制黑色球洞不停旋轉，預設是每 0.1 秒鐘旋轉 5 度。

白球隱藏計時器 用以設定白球進黑色球洞後隱藏的時間，預設是 1 秒鐘，也就是說白球進入黑色球洞後會隱藏 1 秒鐘，然後再出現在螢幕左上方，準備繼續遊戲。

失敗音效、**成功音效** 則分別播放進入黑色球洞、橘色球洞的音效。

各元件主要屬性設定

各元件主要屬性設定如下表：

元件名稱	屬性	說明
Screen1	標題：滾球遊戲 圖示：icon_rollball.png 螢畫方向：鎖定直式畫面 視窗大小：固定大小 狀態欄顯示：取消核選	設定應用程式標題、背景色、圖示，螢幕方向為直向。
畫布 1	背景圖片：backgroung.png	遊戲背景圖。
白球	圖片：ball_01.png	白球。
黑色球洞 1~ 黑色球洞 6	圖片：hole_01.png	黑色球洞。
橘色球洞	圖片：hole_02.png	橘色球洞。
開始	圖片：start.png	START 按紐。
白球隱藏計時器	計時間隔：1000	白球進黑色球洞後隱藏的時間。
旋轉計時器	計時間隔：100	控制黑色球洞不停旋轉。
成功音效	來源：win.wav	成功音效。
失敗音效	來源：lose.wav	失敗音效。
加速度感測器 1	無	偵測手機傾斜狀態。

程式拼塊

1. 全域變數宣告：

1. 變數 **黑色球洞清單** 清單儲存球洞物件。

2. 變數 **圓心 x 座標**、**圓心 y 座標** 記錄黑色球洞旋轉時圓心的座標。

3. 變數 **半徑** 設定黑色球洞的旋轉半徑。

4. 變數 **白球 x 座標**、**白球 y 座標** 記錄白球的初始位置。

5. 變數 **角度** 記錄黑色球洞旋轉的角度。

2. 程式初始化。

1 將黑色球洞物件載入 **黑色球洞清單** 清單中，方便使用迴圈來控制。

2 設定 **畫布 1** 的高度為整個螢幕的高度。

3 將白球移至最上層。

4 以 **圓心 x 座標**、**圓心 y 座標** 記錄橘色球洞的初始位置。

5 以 **白球 x 座標**、**白球 y 座標** 記錄白色球的初始位置。

6 停止所有計時器和加速度感測器。

3. 按下 **開始** (START) 鈕，開始進行遊戲。

1 隱藏 **START** 按鈕。

2 啟動 **加速度感測器** 和控制黑色球洞旋轉的計時器 **旋轉計時器**、停止控制白球隱藏的計時器 **白球隱藏計時器**。

③ 將白球移到初始位置，也就是左上角的位置。

4. 每 0.1 秒鐘會觸發 **旋轉計時器** 的 **計時** 事件。因為在 **旋轉計時器** 的 **計時** 事件每 0.1 秒會將角度增加 5 度，並呼叫 **黑色球洞旋轉** 自訂程序，因此會讓 6 個黑色球洞不停的旋轉。

① 如果角度在 360 內，每次遞增 5 度。

② 如果角度大於 360，就將角度減 360 度，例如：角度為 365 度，減掉 360 度後，角度為 5 度，這麼做的目的是控制角度介於 0~360 度之間。

③ 以自訂程序 **黑色球洞旋轉** 控制 6 個黑色球洞不停的旋轉。

5. 自訂程序 **黑色球洞旋轉** 控制 6 個黑色球洞不停的旋轉。

① 參數 **目前角度** 表示目前的角度，這個參數是由全域變數 **角度** 傳遞而來。

② 處理的是黑色球洞物件清單 **黑色球洞清單**。

③ 依序取得 **黑色球洞清單** 清單的每一個項目，總共有 6 個物件。

4 每一個黑色球洞的位置，是以三角函式計算得到。

(x,y) 表示目前的座標位置，將它分解為 X 軸和 Y 軸的分量，計算方式如下：

x 軸分量 = r*cos θ、y 軸分量 = r*sin θ，如果再加上圓心點 (cx,cy) 位移的計算，則 (x,y) 的座標公式如下：

x=cx+r*cos θ、y=cy+r*sin θ

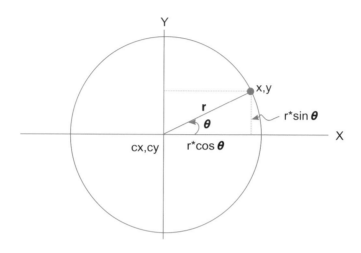

套入本專案變數的寫法為：

黑色球洞 x 座標 = 圓心 x 座標 + 半徑 *cos(目前角度)

黑色球洞 y 座標 = 圓心 y 座標 + 半徑 *sin(目前角度)

下列為圓心 x 座標 + 半徑 *cos(目前角度)、圓心 y 座標 + 半徑 *sin(目前角度) 的程式拼塊：

下列為每個黑色球洞位置計算的拼塊，**黑色球洞 .X 座標** 就是 **黑色球洞清單** 物件清單中元件的 x 座標位置，也就是前面計算的 **黑色球洞 x 座標**，同理 **黑色球洞 .Y 座標** 為 **黑色球洞清單** 物件清單中元件的 y 座標位置，即前面計算的 **黑色球洞 y 座標**。

設 圖像精靈. X座標
    元件 取得 黑色球洞
    為   取得 全域 圓心x座標 + 取得 全域 半徑 × 餘弦 (cos) 取得 目前角度

設 圖像精靈. Y座標
    元件 取得 黑色球洞
    為   取得 全域 圓心y座標 + 取得 全域 半徑 × 正弦 (sin) 取得 目前角度

5 總共有 6 個物件，因為圓周是 360 度，所以每個物件間隔的角度是 360/6=60 度。也就是說第二個黑色球洞的位置和第一個黑色球洞相差 60 度，第三個黑色球洞的位置和第一個黑色球洞相差 120 度，依此類推。

6. 取得加速度感測器 X、Y 軸的變化量，移動白球。

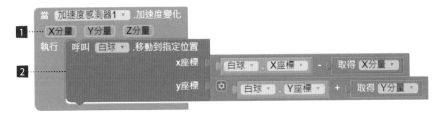

1 接收的參數，本例主要是使用 **X 分量** 和 **Y 分量**。

2 利用 **加速度感測器** 偵測行動裝置傾斜狀態來改變球的位置，當行動裝置左方抬起時，**X 分量** 屬性傳回負值，所以球的 X 座標值需減掉 **X 分量** 屬性值才會使 X 座標值變大，也就是球向右移動；行動裝置右方抬起時，**X 分量** 屬性傳回正值，X 座標值變小，球向左移動。

當行動裝置下方抬起時，**Y 分量** 屬性傳回負值，所以球的 Y 座標值需加上 **Y 分量** 屬性值才會使 Y 座標值變小，也就是球向上移動；行動裝置上方抬起時，**Y 分量** 屬性傳回正值，Y 座標值變大，球向下移動。

7. 以 **白球** 的 **碰撞** 事件判斷白球是否碰觸到黑色球洞或橘色球洞。

1 逐一取出 **黑色球洞清單** 清單中的每一個黑色球洞。

2 碰觸到黑色球洞,將白球隱藏、控制白球隱藏的計時器啟動、加速器作用暫停,並播放失敗的音效。

3 碰觸到橘色球洞,將 **白球** 移到橘色球洞位置上表示白球成功進洞,控制白球隱藏的計時器啟動、加速器作用暫停並播放進洞的音效。

8. **白球隱藏計時器** 啟動 1 秒,會觸發 **計時** 事件,重新顯示隱藏的白球。

1 將白球移至左上角的初始位置。

2 控制白球隱藏的計時器停止、加速度速感測器啟動。

3 顯示 **白球**。

14.2.3 未來展望

遊戲中控制黑色球洞不停旋轉，其實已很容易控制遊戲的難易度，只要改變旋轉的半徑或旋轉的速度即可達成。

同樣地，這個專案也沒有設關卡、計時、得分，得分記錄也未加以儲存或處理，這些都留給讀者自行實現。

MEMO

APP 專案：打雪怪遊戲

「打雪怪遊戲」是以打地鼠遊戲架構為依據進行開發，但整個遊戲場景是在冰天雪地中，月夜裡雪人會不斷出沒。遊戲者必須以最敏捷的動作，正確擊中從地洞中突然冒出的雪人，否則雪人隨時又會立即鑽入地洞中。

15.1 專案介紹：打雪怪遊戲

打地鼠遊戲是一種既驚險又刺激的遊戲，所有的地鼠、精靈出現的時間和位置都是以亂數隨機產生，同時加入音效，讓遊戲效果更加精彩和豐富。打地鼠遊戲我們曾經以 Android 設計並發佈到 Google Play 上，有破 5 萬以上的人數下載。

這個「打雪怪遊戲」專案，我們將打地鼠遊戲重新包裝和詮釋，同時也將程式簡化，讓它更適合初學者學習。為了增加遊戲效果，本例中加入了大量的音效。

在這個專案中，使用了 **按鈕**、**標籤**、**計時器**、**音樂播放器** 和 **音效** 元件，這些元件已分別在第 5 章和第 7 章詳細說明。

15.2 打雪怪遊戲設計

在這　章中，我們選擇一個較完整的專案「打雪怪遊戲」，除了加入計分、音效，介面也非常吸引人，同時也以亂數控制遊戲的精彩度。

15.2.1 專案發想

「打雪怪遊戲」仍然保持打地鼠遊戲的架構，但整個遊戲場景是在冰天雪地中，月夜裡雪人會不斷出沒。遊戲者必須以最敏捷的動作，正確擊中從地洞中突然冒出的雪人，否則雪人隨時又會立即鑽入地洞中。

15.2.2 專案總覽

按下 **Start** 按鈕開始計時 60 秒，得分從 0 開始。遊戲進行中雪人會不斷出沒，如果您擊中雪人得分會加 1 分。(ch15\mypro_MouseGame.aia)

15.2.3 介面配置

Screen 中主要包含一個水平配置和一個垂直配置版面。

第一列 **水平配置 1** 版面布置時間和得分。

第二列 **垂直配置 1** 版面包含 1 個 3*3 表格配置，用以布置 **按鈕 1~ 按鈕 9**，同時也包含了 **開始按鈕** 按鈕，而 **分隔標籤** 元件只是用來控制元件間的距離，讓介面更美觀些。

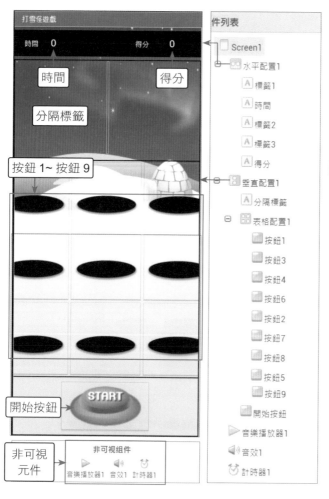

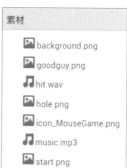

使用元件及其重要屬性

名稱	屬性	說明
Screen1	App 名稱：mypro_MouseGame 背景圖片：background.png 標題：打雪怪遊戲 圖示：icon_MouseGame.png 螢畫方向：鎖定直式畫面 視窗大小：自動調整 狀態欄顯示：取消核選	設定應用程式標題、圖示，螢幕方向為直向。
水平配置 1	高度：40 像素 寬度：填滿	布置時間和得分
時間	文字：0	顯示遊戲的時間。
得分	文字：0	顯示遊戲的得分。
垂直配置 1	高度：填滿 寬度：填滿	布置分隔標籤、按鈕 1~ 按鈕 9 和開始按鈕。
分隔標籤	高度：150 像素	增加元件間的距離。
表格配置 1	高度：自動、寬度：自動 列數：3、行數：3	布置按鈕 1~ 按鈕 9。
按鈕 1~ 按鈕 9	高度：120 像素 寬度：120 像素 圖像：hole.png	顯示地洞。
開始按鈕	高度：80 像素 寬度：150 像素 圖片：start.png	遊戲開始按鈕。
音樂播放器 1	循環播放：核選 只能在前景運行：核選 來源：music.mp3 音量：50	播放背景音效。
音效 1	來源：hit.wav 最小間隔：100	播放得分音效。
計時器 1	計時間隔：1000	遊戲計時，並以動態方式設定每一秒有 1~3 個地洞會出現雪人。

15.2.4 專案分析和程式拼塊說明

1. 建立全域變數 **按鈕清單**、**時間** 和 **得分**。

初始化全域變數 按鈕清單 為 ⚙ 建立空清單
初始化全域變數 時間 為 0
初始化全域變數 得分 為 0

2. 將 **按鈕 1~ 按鈕 9** 元件加入 **按鈕清單** 清單中，方便使用物件清單的方式控制地洞按鈕。

3. 按下 **開始按鈕**，開始啟動計時 60 秒，得分從 0 開始，啟動背景音樂並將 **開始按鈕** 隱藏起來，同時顯示所有的地洞。

當 開始按鈕 .被點選
執行
1 設置 全域 時間 為 60
設置 全域 得分 為 0
設 時間 . 文字 為 取得 全域 時間
設 得分 . 文字 為 取得 全域 得分
2 設 計時器1 . 啟用計時 為 真
設 開始按鈕 . 可見性 為 假
3 設 表格配置1 . 可見性 為 真
4 呼叫 音樂播放器1 .開始

1 計時 60 秒，得分從 0 開始。

2 啟動計時器開始計時，並將 **開始按鈕** 隱藏起來。

3 顯示所有的地洞。

4 播放背景音樂。

4. **計時器 1** 的 **計時** 事件，每一秒鐘執行一次並將 **時間 -1**，同時從 9 個地洞中任選 1~3 個地洞，將它的背景圖設為雪人，當遊戲終了計時器停止計時，將 **開始按鈕** 顯示出來，並隱藏所有的地洞，同時停止背景音樂。

1 如果遊戲時間尚未終了，執行 3 ~ 6 。

2 如果遊戲時間結束將計時器停止計時，**開始按鈕** 顯示出來，並隱藏所有的地洞按鈕，同時停止背景音樂。

3 將遊戲時間減 1 並更新顯示。

4 將 **按鈕 1~ 按鈕 9** 元件的背景圖設為地洞。

5 以亂數設定執行 1~3 次。

6 從 9 個地洞中任選 1 個地洞，將它的背景圖設為雪人。

5. 當碰觸 **按鈕** 元件會觸發 **任意 按鈕 . 被點選** 事件，如果按鈕的背景圖是雪人，表示擊中雪人。打中雪人加 1 分，並播放得分音效。

1 參數 **元件** 代表按鈕元件。

2 如果按鈕元件的背景圖是雪人，表示擊中雪人。

3 播放得分音效。

4 得分加 1 分。

5 將 **按鈕** 元件的背景圖設定為 <hole.png>，這樣做的目的是避免重複觸發。

15.2.5 未來展望

本例中我們使用 **任意組件 / 任意按鈕** 中的 **當任意 按鈕 . 被點選** 拼塊，將 **按鈕 1~ 按鈕 9** 的 **被點選** 事件合而為 1，如此就可以大量減少重覆的程式拼塊，請讀者細心加以體會。

為了顧慮初學者的感受，本專案遊戲只有一關，也沒有將得分記錄存檔。記得有一次同事聚會中，我拿出此遊戲給同事玩，而且半開玩笑的說，看您能不能破 100 分，沒想到，這位同事搶了手機認真把玩，片段時間後他拿回一個得分 200 分畫面，很得意的還給我。這個經驗告訴我，記錄得分其實是遊戲中非常重要的一環，然而在多方的考量後，最後我們還是選擇並未在專案中處理它，因為我們還是真心地以初學者的感受為主。

或許將來有一天，您會很高興的告訴我們，您已經會使用 **微型資料庫** 記錄這個專案的最高得分保持人和分數了。

當然這個專案還有很大的發揮空間，您可以將角色增多，換成是您最喜歡或最厭惡的人，讓整個專案提昇至更高的層次。

手機應用程式設計超簡單--App Inventor 2 初學特訓班(中文介面第四版)

作　　者：文淵閣工作室 編著　鄧文淵 總監製
企劃編輯：王建賀
文字編輯：詹祐甯
設計裝幀：張寶莉
發 行 人：廖文良

發 行 所：碁峰資訊股份有限公司
地　　址：台北市南港區三重路 66 號 7 樓之 6
電　　話：(02)2788-2408
傳　　真：(02)8192-4433
網　　站：www.gotop.com.tw
書　　號：ACL066300
版　　次：2022 年 06 月五版
建議售價：NT$450

國家圖書館出版品預行編目資料

手機應用程式設計超簡單：App Inventor 2 初學特訓班(中文介面)
　/ 文淵閣工作室編著. -- 五版. -- 臺北市：碁峰資訊, 2022.06
　　面；　　公分
　　ISBN 978-626-324-182-4 平裝)
　　1.CST：行動電話　2.CST：行動資訊　3.CST：軟體研發
448.845029　　　　　　　　　　　　　　　111006482

讀者服務

- 感謝您購買碁峰圖書，如果您對本書的內容或表達上有不清楚的地方或其他建議，請至碁峰網站：「聯絡我們」\「圖書問題」留下您所購買之書籍及問題。(請註明購買書籍之書號及書名，以及問題頁數，以便能儘快為您處理)
  http://www.gotop.com.tw

- 售後服務僅限書籍本身內容，若是軟、硬體問題，請您直接與軟體廠商聯絡。

- 若於購買書籍後發現有破損、缺頁、裝訂錯誤之問題，請直接將書寄回更換，並註明您的姓名、連絡電話及地址，將有專人與您連絡補寄商品。